KB119093

되돌릴 수 없는 미래

사라진 북극,
기상전문기자의
지구 최북단
취재기

되돌릴 수 없는 미래

신방실 지음

문학수첩

차례

5장   기상전문기자라는 극한직업

하늘과 바람과 별
그리고 시…

적당히 비가 오고 적당히 바람이 불고 적당히 햇볕이 내리쬐면 얼마나 좋을까. 운전에 방해가 되지 않으면서 감성을 끌어 올려주는 적당한 적설량. 베란다의 빨래를 기분 좋게 말려주는 적당한 습도와 바람. 그러나 균형은 쉽게 깨어지고 혼돈과 무질서의 세계가 펼쳐진다.

황금 같은 날씨가 펼쳐지다가도 어느 순간 임계점을 넘어버리면 폭우와 폭풍, 폭염, 폭설로 돌변해 평온한 일상을 휩쓸어 버린다. 모두 '사나울 폭暴' 자가 붙은 무서운 말로 기상전문기자인 내가 자주 쓰는 단어들이다.

우리는 알고 있다. 좋은 날씨가 영원하지 않다는 사실을. 날씨는 인생과 비슷하다. 살다 보면 힘든 순간이 더 많은 것 같다. 즐겁고 행복한 시절은 왜 이리 짧게만 느껴지는지. 먹구름이 몰려오고 폭풍우가 몰아칠 때면 이 넓은 세상에 나 혼자 불행한 것 같다. 또르르 굴러떨어지는 눈물방울을 훔치며 SNS의 화려한 타임라인을 넘기다 보면 새삼 더욱 초라해진다.

그러나 좌절 금지. 매일 화창한 날씨일 수 없듯이 초강력 태풍도 길어야 1주일이다. 이 또한 지나가리라. 좋은 날씨가 찾아오면 후회 없이 누리고, 궂은 날씨라면 다가올 햇살을 기다리며 꿋꿋이 견디는 것이 삶을 살아가는 법칙이다. 지구의 대기는 한자리에 머물러 있지 않는다. 시시각각 역동적으로 움직이며 구름을 만들고 바람과 물이 되어 흐른다. 고기압에서 하강한 기류는 저기압에서 다시 상승하며 절묘한 균형을 맞춘다. 그만큼 날씨는 공평하다.

날씨는 나를 지배하는 철학이자 나를 어루만지는 시다. 어렸을 때부터 하늘 보는 것을 좋아했다. 눈부신 파란 하늘과 시시때때로 흩어졌다 모이는 구름을 멍하니 쳐다보고 있으면 시간 가는 줄 몰랐다. 비 오는 날은 대기 상층의 냄새를 싣고 떨어지는 빗방울과 땅에서 올라오는 흙냄새의 조화가 좋았다. 하늘과 땅의 만남이랄까.

사망 선고를 받은 연애 세포를 다시 살아나게 하는 첫눈. 휘몰아쳤다가 잔잔해졌다가 내 마음과 '밀당'을 하는 바람. 어쩌면 시커먼 하늘에 몰려오는 먹구름과 폭풍우까지. 날씨는 그 나름의 색채로 가득하다. 하늘은 변화무쌍한 날씨가 펼쳐지는 거대한 캔버스다.

그리스 신화에서 날씨를 주재하는 신은 제우스다. 제우스는 비와 바람, 번개를 마음대로 통제할 수 있었다. 역시 전지전능한 신들의 아버지. 하늘에서 내려온 제우스는 사람들에게 원하는 날씨를 묻곤 했다. 귀족들은 사냥하기 좋은 날씨를 원했다. 비가 오지 않고 안개가 끼지 않고 바람이 잔잔한 날씨를 말이다. 들에서 일하는 농민은 시원한 바람을 원하고 물레방앗간 주인은 물레방아를 돌릴 수 있는 세찬 비를 원했다. 엄마는 빨래가 잘 마르는 건조한 날씨를, 아이는 눈사람을 만들 수 있는 폭설을 기도했다. 날씨에 대한 바람이 이렇게 제각각이었기에 제우스는 아마 누군가의 소원을 들어주기를 포기했는지도 모른다. 그래서 우리는 하루도 똑같은 날이 없을 정도로 다채로운 날씨를 누리고 있다. 날씨는 신의 선물이고 축복이다.

내가 가장 좋아하는 계절은 겨울이다. 새벽에 찾아온 길 잃은 한기는 얼음처럼 차갑다. 쨍하는 날카로움에 숨을 들이쉬는 순간 폐속에 얼음 조각이 들어와 박힐 것 같다. 북쪽의 손님이 몰고 온 차디찬 그림자 앞에서 복잡한 생각은 군더더기를 벗고 한껏 명료해진다. 맥박은 거칠게 뛰며 뜨거운 삶을 갈망한다.

소리 없이 떨어지는 눈은 일상의 소리를 삼켜버린다. 어디선가 타닥타닥 장작 타는 소리만 남겨둘 것 같다. 순백의 땅에서 반사된 흐뭇한 달빛은 짙은 어둠을 화려하게 물들인다. 오늘 밤 나의 침대로 눈의 여왕을 태운 얼음 마차가 달려오길 기다리며 조용히 눈을 감는다.

날씨는 어쩌면 시와 태생이 같을지 모른다. 윤동주 시인의 시집 《하늘과 바람과 별과 시》를 보면 시인의 우물 속에는 달이 밝고 구름이 흐른다. 하늘이 펼쳐지고 파아란 바람이 불고 가을이 있다. 계절이 지나가는 하늘은 가을로 가득 차 있다. 시인은 아무 걱정도 없이 가을 속의 별들을 다 헬 듯하다. 시인의 바람은 어디서 불어와 어디로 가는 것일까. 바람은 간절하고 바람은 정처 없다. 하늘과 바람과 별은 시인의 영감으로 승화해 고귀한 시가 되었다.

* *

하늘과 바람과 별과 시를 사랑하던 내가 기상전문기자가 됐다. 아마도 천직을 찾은 것만 같았다. 그러나 곧 알게 됐다. 무언가 잘못됐다. 날씨가 일상을 지배하게 되자 상황이 달라졌다. 하늘을 보는 대신 모니터를 통해 레이더와 위성 영상, 일기도日氣圖를 보는 시간이 길어졌다. 기압과 기온, 습도, 풍향, 풍속, 가시거리, 해수면 온도를 수시로 확인했다.

마음껏 만끽하던 비와 바람, 첫눈과 화이트 크리스마스에 대한 설렘은 사라졌다. 날씨는 기상학개론에 나오는 한낱 숫자와 기호로 가득한 현상으로 전락했다. 날씨에 품고 있던 상상과 은유는 한낮의 안개처럼 허무하게 증발해 버렸다.

거센 비바람을 몰고 오는 태풍과 장마, 기나긴 폭염은 기상전문기자에게 비상사태를 의미한다. 마치 군대에서 '진돗개 하나' 경보가 발령된 것과 비슷하다. 비상경계태세에서 군대와 경찰력이 모두 동원되듯, 재난이 발생하면 국가재난방송 주관 방송사인 KBS는 모든 정규 방송을 중단하고 연속 특보 체제로 전환한다. 이 말은 며칠간 밤샘이나 새벽 근무를 해야 한다는 의미다.

밤낮으로 24시간, 30시간 넘게 연속 생방송이 이뤄지기도 한다. 보통 1시간 단위로 특보에 출연하므로 시간이 빠듯하다. 원고를 업데이트하고 그래픽을 수정하다 보면 화장실에 다녀올 여유도 없다. 메이크업이 번진 채 방송을 할 때도 많다. 자정이 넘어가면 눈이 스르륵 감기고 목소리는 쩍쩍 갈라진다. 창밖이 밝아오고 푹 절인 파김치가 될 때쯤 방송이 끝나는데 집에 가서도 다음 날 방송 준비에 마음 편히 쉴 수 없다.

나는 날씨를 싫어하게 됐다. 아니, 정확하게 말하면 나쁜 날씨 말이다. 예측 불가능한 극한 기상현상은 점점 두려운 존재로 변했다. 레이더 영상을 검붉은 점들로 물들인 집중호우는 마을을 통째로 집어삼킨다. 누적 강수량 지도에 갈색으로 색칠된 가뭄은 또 어떤가. 땅바닥을 거북의 등처럼 쩍쩍 갈라놓고 식수까지 말려버릴 만큼 잔인하다. 언제 일어날지 모르는 지진, 시작과 끝을 알 수 없는 산불, 나날이 기세를 더하는 미세먼지도 위협적이다.

19세기 말 존 러스킨이라는 영국의 비평가는 "세상에 나쁜 날씨는 없다"고 했다지만 아마 기상전문기자가 아니어서 그런 말을 한

게 아닐까. 저 멀리서 구경하는 입장에선 태풍도 멋지겠지만 막상 그 안에 들어가면 전쟁터다. 나 역시 기상전문기자로 살기 전에는 몰랐다.

빗방울이 굵어지고 눈발이 거세지면 온몸의 신경이 곤두서고 예민해졌다. 갑작스러운 강추위가 밀려오면 일기도와 북극진동*AO을 살피느라 여념이 없었다. 날씨는 일이 되었고 하늘과 바람과 별과 시를 사랑하던 나는 사라지고 더 이상 없었다. 낭만은 죽었다.

기자 생활 초반이었던 2012년 기록적으로 많은 태풍이 한반도로 올라왔다. 우리나라에 영향을 주는 태풍은 보통 한 해 평균 3개 정도 인데, 그해에는 5개가 왔다. 카눈, 담레이, 볼라벤, 덴빈, 산바라는 이름을 기억할지 모르겠다. 특히 서해로 올라온 태풍 볼라벤은 기록적인 강풍을 몰고 왔다.

이때 KBS는 처음으로 전국에 설치된 CCTV 영상을 활용한 재난방송을 시작했다. 태풍의 길목에 몰아치는 위협적인 비바람을 보여주며 시청자에게 실시간 상황을 알리고 대피하도록 권고했다. 첫번째 태풍의 재난방송에서 목이 쉴 정도로 최선을 다했다. 그런데 두 번째 태풍이 생기고 세 번째가 오고⋯ 그해는 태풍이 풍년이었다. 9월까지 태풍 특보가 이어졌고 이러다 스튜디오에서 죽을지도 모른다는 불길한 예감마저 들었다.

---

* **북극진동AO**: 북극 상공을 도는 차가운 공기의 흐름이 주기적으로 강해졌다 약해지는 현상.

2012년은 시작에 불과했다. 2018년에는 한반도가 열돔에 휩싸이며 한 달 넘는 장기 폭염이 이어졌다. 2019년에는 태풍 7개, 2020년에는 중부지방에 54일의 가장 긴 장마가 찾아왔다. 고농도 미세먼지는 걸핏하면 파란 하늘을 덮쳤고 봄철 기록적인 대형 산불은 정례화됐다. 2015년 WMO(세계기상기구)는 비정상적인 기후가 정상이 되는 '뉴노멀New Normal' 시대가 도래했다고 선언했다. 그 말이 떨어지기가 무섭게 기후재난은 일상이 됐고 재난방송은 시도 때도 없이 잦아졌다.

멀리 있는 엄마는 늘 내 걱정이었다. 날이 갈수록 재난이 잦아졌고 딸은 TV에 많이 나왔다. 기상전문기자가 아니라 재난전문기자로 불려야 할 지경이었다. 어떤 날은 생기가 없었고 눈가에 그늘이 짙었다. 어떤 날은 목소리가 거칠었다. 덜덜 떨며 추워 보이기도 했다.

다들 TV에 큰딸이 자주 나오니 좋겠다고 했지만 엄마의 마음은 그렇지 않았다. 밥은 잘 챙겨 먹는지, 잠은 잘 자는지, 옷은 따뜻하게 입는지 유심히 살폈다. 남들은 결코 눈치채지 못한 사소한 표정과 음성의 변화를 엄마는 예민하게 잘도 알아차렸다. 딸이 생방송을 할 때마다 엄마는 심장이 두근거린다고 했다. 어쩌면 나보다 더 떨렸는지 모른다.

옛날 한 마을에 두 아들을 둔 어머니가 살았다. 아들들이 장사를 시작하면서 어머니는 한숨을 쉬는 날이 많아졌다. 비가 오는 날에는 짚신 장사를 하는 아들 걱정을 했고 해가 뜬 날은 나막신을 파는 아들을 걱정했다.

돌이켜 보면 짚신 장수와 나막신 장수의 어머니처럼 우리 엄마도 힘들었겠다는 생각이 든다. 비가 오는 날에도 딸 걱정, 해가 나도 딸 걱정이었으니 말이다. 나도 아이를 키우며 잔소리를 많이 하지만, 가끔은 나를 걱정하고 챙기던 엄마의 잔소리가 그립다. 엄마 손을 잡으면 따스하게 전해지던 온기가 사무친다. 내 손이 차다고 계절이 바뀔 때마다 생강청을 챙겨주던 엄마였다. 잘 먹지 않아서 냉장고에 그대로 있는 걸 발견하면 잔소리 폭탄이 쏟아지곤 했다.

엄마가 떠난 뒤에 우리 가족 인터넷 카페에 엄마가 남긴 댓글들을 살펴봤다. 구구절절한 글귀 속에서 놀랍게도 놓치고 있던 진실을 깨달았다. 엄마가 쓰던 닉네임은 바로 '하늘'이었다.

하늘: 가슴에 넣어도 넣어도 허전한 게 자식인가 보다. 계속 붙어 다니다가 코감기 훌쩍이는 딸을 버스 태워 보내고 돌아오는 길 가을비는 내리고…. 자리에 누워도 잠도 안 오고 따라갈 수도 없고. 나중에 시집도 못 보내겠다. 이제 행복하고 웃음 넘치는 날만 올 거야. 큰딸 지난여름 정말정말 맘고생, 몸고생 많았어. 잘 이겨줘서 고맙다. 환절기 건강 잘 챙기고 빨리 환하게 웃는 모습 보자.

하늘: 어젯밤에 큰딸이 나오는 뉴스 보니 너무 좋다. 인터넷으로 몇 번 반복해서 얼굴 많이 봤어. 코감기만 빨리 나으면 좋겠다. 그 회사는 일 너무 많이 시키네. 힘들어서 어쩌나. 항상 몸 따뜻하게 하고 더 건강한 모습 자주 볼 수 있기를. 가문의 왕자랑 큰딸 오늘 하루도 아자아자!

엄마는 나의 하늘이었다. 엄마는 잊고 있던 하늘을 나에게 되찾아 줬다. 엄마가 보고 싶을 때마다 하늘을 보며 "안녕! 엄마"하고 인사를 건넸다. 애잔함에 눈물이 고일 때면 하늘이 아무 말 없이 나를 꼭 안아줬다.

어린 시절에 출생 기록이 담긴 병원 수첩을 본 적이 있다. 나는 엄마의 고향인 통영에서 태어났다. 당시에는 다들 충무라고 불렀다. 엄마가 낙서를 잔뜩 해놓는데, 바람, 바람, 바람, 바람, 바람이었다. 엄마에게 물었다. 엄마, 내 이름 바람으로 지으려고 했어? 그럼 신방실이 아니라, 신바람이 될 뻔했잖아. 만약 신바람이었어도 놀림을 많이 받았을 것 같다.

내 마음에 부는 뜨거운 바람은 엄마로부터 기원했다. 경계 없는 바람이 되어 엄마가 내게 선물한 세상을 누빌 수 있어 참 다행이다. 드넓은 평원과 산맥과 사막, 밀림, 극지의 빙상 꼭대기까지 숨차게 휘몰아치리라. 기상전문기자의 하늘이 돌아왔다. 바람과 별과 시가 되살아났다. 그리고 첫 번째 목적지는 북극이었다.

1장

눈 떠보니
지구 최북단…이었다면
좋았겠지만

입사 15년 만의
북극행

기상전문기자 최종 면접에서 남극과 북극에 가서 온난화를 취재하고 싶다고 답했다. KBS에서 어떤 일을 하고 싶냐는 질문이었다. 지구의 온도가 올라가는 기후변화에 전 세계적으로 관심이 뜨거울 때였다. 극지는 그 변화가 가장 빠르게 나타나는 곳이었다.

합격 통보를 받았을 때는 남극이든 북극이든 곧 갈 수 있으리라 생각했다. 회사가 알아서 내 꿈을 실현해 줄 거라고 믿었던 내가 순진했다. 아니, 현실을 잘 몰랐다. 기상전문기자로 일하는 동안 남극과 북극은 그저 먼 나라였다.

일단 극지를 오갈 때 드는 적지 않은 예산이 문제였다. 시간과 인력도 발목을 잡았다. 북극은 기후가 온화한 여름에 가야 하는데 이

때는 기상전문기자가 가장 바쁜 시즌이다. 6월 하순부터 장마에 들어가 폭염과 폭우, 태풍과 싸워야 한다. 요즘은 9월, 10월 태풍도 찾아지고 있어 사실상 1년의 절반 가까이가 재난 시즌이다. 그렇다면 남극은 어떨까. 남극 취재의 적기는 여름이지만 이때는 북반구의 겨울이다. 한파와 폭설 탓에 역시 몸을 빼기가 쉽지 않다. 게다가 쇄빙선을 타고 가면 두 달 이상 걸리기도 해서 북극보다 더 접근성이 떨어진다.

한번은 북극 취재 계획을 들고 보도국장 방까지 들어갔고, 사회부 후배와 함께 남극 방문이 거의 성사될 뻔한 적도 있었다. 그러나 번번이 좌절됐다. 그러다 2022년에 또다시 기회가 찾아왔다. 다산기지 20주년을 맞아 북극의 기후위기 기획안을 부서에 올렸다. 기대했다가 또 실망할 것 같아서 아예 마음을 접고 있었다. 이번에도 실현되지 못하고 저주받은 기획안으로 끝날 줄 알았는데 덜컥 결재가 나버렸다. 설마 했는데 정말 북극에 가게 된 것이다. 입사한 지 15년 만이었다.

KBS에 처음 들어왔을 때만 해도 '지구온난화'를 취재하러 북극에 가겠다고 했지만 불과 10여 년 사이 '기후변화'는 '기후위기'로, '기후 비상사태', '지구 가열'이라는 말로 대체됐다. 그만큼 인간이 배출한 인위적인 온실가스에 의해 지구의 기후가 정상을 벗어난 채 극단으로 향하고 있다는 뜻이었다.

그사이 언론사의 분위기도 많이 바뀌었다. 방송과 신문을 가리지

스발바르 제도

그린란드

아이슬란드

스웨덴   핀란드

노르웨이

스발바르 위성 지도.

Gjelder hele Svalbard

스발바르Svalbard.

되돌릴 수 없는 미래

않고 기후와 관련된 뉴스들이 쏟아져 나왔다. 회사 내부에서도 기상전문기자 한 명 정도는 북극에 보내자는 관대한 목소리가 나온 듯하다. 지금까지 기상전문기자가 북극에 간 적은 없었다. 시기적으로도 적절하게 후배가 새로 들어오면서 내가 빠져도 빈자리를 메울 수 있게 됐다.

목적지는 북위 78도 노르웨이령 스발바르제도였다. 사람이 거주하는 지구상 최북단 지역으로 전 세계 10개국이 운영하는 니알슨 과학기지촌이 있다. 우리나라의 다산기지는 2022년 20주년을 맞았다.

엄청난 부담감에 5월 말부터 6월까지 한 달여 동안 정신없이 준비했다. 극지 전문가들을 만나 현장에 대한 그림을 머릿속에 그리고 취재 일정을 조율했다. 국내 기후학자 대상으로 사전 인터뷰도 진행했다. 북극에 다녀온 뒤에는 〈시사기획 창〉 다큐멘터리를 제작해야 하기 때문에 취재를 다닐 시간이 없었다. 북극 관련 해외 영상과 그래픽 자료도 미리 검색했다. 나중에 어떤 상황이 벌어질지 모르니 여유가 있을 때 철저하게 준비하자는 자세로 덤볐다.

나날이 가격이 급등하는 항공권 확보는 가장 중요한 업무 중 하나였다. 출발일이 정해지자마자 경유지가 한 곳이면서 비행시간이 길지 않은 티켓을 중점적으로 알아봤다. 결제를 망설이는 사이 장바구니의 좌석은 무서운 속도로 사라졌다.

극지연구소의 추천을 받아 저렴하면서도 비행시간이 짧은 독일 항공사의 항공권을 결제했다. 인천에서 노르웨이 오슬로까지 가는 티켓이었다. 오슬로에서 스발바르제도 롱이어비엔까지는 스칸디나비아 항공사를 이용하기로 했다. 항공권을 알아보는데 이렇게 설렘이 1도 없기는 처음이었다. 할 일이 산더미 같았고 모든 과정이 빨리 해치워야 할 의무처럼 느껴졌다.

촬영기자 2명을 포함해 3명의 항공권 가격은 천 단위에 육박했다. 법인카드의 비밀번호를 입력하는 손이 덜덜 떨렸다. 출장을 준비하는 과정에서 모든 비용은 내 이름으로 된 법인카드로 결제한 뒤 영수증을 청구하는 방식으로 진행됐다. 아무리 나중에 돈을 준다지만 이렇게 큰 금액을 한꺼번에 쓴 적이 없었기 때문에 심장이 움츠러들 수밖에 없었다. 그러나 항공권 결제는 시작에 불과했다.

취재 동선에 따라 숙소를 예약하는 것도 엄청난 일거리였다. 어디 놀러 갈 때 호텔 예약은 너무 즐거운데 막상 일이 되니 심란했다. 되도록 이동 거리를 줄이면서 효율적으로 움직일 수 있는 장소에 숙소를 잡아야 했다. 지도를 보면서 위치와 가격, 평점까지 신경 쓰다 보니 며칠을 고민해도 답이 나오지 않을 때가 많았다. 후배들에게 링크를 보내 선택하라고 던져주기도 했다.

우리가 관광객도 아니니 노르웨이 오슬로에서는 그냥 위치가 좋은 호텔을 잡으면 됐다. 그런데 스발바르선 여름 휴가철을 맞아 호텔 가격이 터무니없이 치솟아 있었다. 3명이 각각 방을 쓰면 비용이 너무 불어나 에어비앤비 사이트를 뒤지기 시작했다.

거실 하나에 침실 하나가 있는 집을 알아봤더니 가격이 호텔보다 훨씬 저렴했다. 여자 둘은 침실에서 자고 남자 하나는 거실의 소파베드를 쓰기로 했다. 에어비앤비에 처음으로 회원 가입을 하고 호스트들과 메시지를 주고받기 시작했다. 호텔 예약만 하다가 집주인과 직접 소통하니 신기했다. 후기를 보니 대부분 오로라를 보러 간 사람들이 남긴 내용이 많았다. 이번에는 여름에 가지만 나중에는 겨울 오로라 시즌에 다시 오리라 결심했다. 일이 아니라 '내돈내산' 휴가로.

오지나 다름없는 북극 취재를 도와줄 현지 코디나 통역이 없었기 때문에 되도록 모든 상황을 변수 없이 부드럽게 진행해야 했다. 현지에서 직접 운전하기 위해 롱이어비엔 공항에 있는 렌터카 사이트에서 밴을 예약하고 촬영기자 후배들과 국제운전면허증을 발급받았다. 구글맵만 있으면 전 세계 어디에 떨어져도 살 수 있다는 각오였다.

어느새 북극으로 갈 준비가 거의 끝나가고 있었다. 계절이 여름의 한복판으로 향해가면서 무더위와 열대야가 세를 키워갔다. 더운 한국을 벗어나 시원한 북극으로 떠나고 싶었다. 준비 기간이 한 달 넘게 길어지다 보니 많이 지쳤는데 시간이 갈수록 반대로 후련해지기도 했다.

인천공항에서
되돌아온 이유는?

북극 스발바르제도로 떠나는 날은 2022년 7월 6일. 날짜가 정해져야 항공권과 숙소를 예약할 수 있기 때문에 결정은 신속하게 이뤄졌다. 고차방정식을 풀듯 여러 조건을 따져가며 얻은 날짜로, 보이지 않는 수많은 변수가 있었다. 그런데 지금 다시 생각해 보니 차라리 용한 점쟁이를 찾아가 날을 받을 걸 그랬다.

북극 하면 하얀 설경과 오로라를 떠올리지만 정작 연구자들은 겨울에 북극을 찾지 않는다. 해가 뜨지 않는 극야 기간이기 때문이다. '극야極夜'는 극지의 밤이다. 말 그대로 캄캄한 어둠이 지속되고, 희미하게라도 빛이 존재하는 시간은 길어야 서너 시간뿐이다.

북극의 온난화가 아무리 심하다고 해도 한겨울 기온은 영하

30℃ 아래로 떨어진다. 야외 조사를 하다간 칠흑 같은 어둠 속에서 얼어 죽기 십상이다. 그래서 특별한 경우가 아니면 과학자들은 대부분 여름에 북극으로 향한다.

극지연구소 역시 마찬가지다. 니알슨에 있는 다산기지에 가장 많은 연구자들이 방문하는 시기는 6월 하순부터 7월 중순 사이였다. 여기에 빙하 탐사를 함께하기로 한 서울대학교 팀의 일정을 고려해 7월 첫 주를 출발일로 정했다.

그런데 7월이 가까워지자 예기치 못한 먹구름이 다가오고 있었다. 정신없이 일하느라 상상도 못 했다. 코로나19로 막혀있던 하늘길이 열리면서 전 세계적으로 항공대란이 시작된 것이었다. 특히 여름 휴가철인 7월은 최성수기였다. 그럼에도 불구하고 나는 항공권과 숙소를 미리 저렴하게 확보했다고 안심하고 있었다. 뭘 모르면 용감하다고 하더니, 그게 바로 나였다.

출장 전날 후배 촬영기자들과 마지막으로 장을 보면서 즉석밥과 컵라면, 김치, 비상약품을 구매했다. 상황이 어떨지 몰라 여분의 마스크도 충분히 챙겼다. 이제 떠나기만 하면 될 거라고 생각했다.

가족과 2주 넘게 떨어져 있어야 했으니 마지막 저녁 식사를 마친 뒤 함께 시원한 빙수를 먹으러 나갔다. 북극은 시원하다 못해 춥겠지. 한국의 무더위와 빙수가 그리워질지도 몰라. 최종 점검 차원에서 휴대전화로 메일을 확인하는 순간, 심장이 멎을 뻔했다.

'캔슬cancel'이라는 단어가 얼핏 눈에 들어왔다. 노르웨이 오슬로에서 북극 스발바르제도로 향하는 스칸디나비아 항공편이 모두 취소된 것이다. 전자 티켓도 정성스럽게 인쇄해 가방에 모두 챙겨놨는데 꿈인지 현실인지 분간이 가지 않았다.

왜 하필 이때……. 가족은 내 눈치를 살폈고 그사이에 빙수는 진득진득하게 녹아버렸다. 한 번 녹으면 원래 상태로 돌아갈 수 없는 빙수처럼 북극으로 가는 티켓은 저 멀리 날아가 버렸다. 그것이 내게 다시 올 수 있을까.

떨리는 손으로 구글에서 기사를 검색했다. 우리가 출발하기 하루 전에 스칸디나비아 항공의 조종사 파업이 시작됐다. 경영진은 조종사 파업이 불러올 경제적 손실을 감당할 수 없다며 곧바로 파산보호를 신청했다.

왜 하필 지금……. 유럽을 오가는 스칸디나비아 항공편 대부분이 결항됐다. 파업 종료 시점은 미정. 국내 항공사였다면 직접 전화를 걸어서 파업이 언제 끝나냐고 묻겠지만 너무나 먼 외항사였다. 광화문에 국내 지점이 있다고는 하는데 겨우 대표번호 하나만 찾을 수 있었다.

덴마크와 노르웨이, 스웨덴의 국영 항공사가 합작해 만든 스칸디나비아 항공은 유럽과 북아메리카를 중심으로 노선을 운영하고 있다. 우리나라에 취항하지 않아서 처음에는 이름조차 생소했지만, 북극을 오가는 연구자들에게는 친숙한 이름이다. 오슬로에서 스발바르제도를 오가는 항공편을 대부분 독점하고 있기 때문인데 항공사의 약자인 '사스sas'라고 불린다. 우리와 같은 항공편으로 북극 다산 기지에 들어가려던 다른 과학자들도 함께 발이 묶였다.

출발을 겨우 몇 시간 남겨놓고 찾아든 빅뉴스에 이러지도 저러지도 못하는 상황이었다. 북극으로 가는 길에 짙은 안개가 드리워졌다. 한 치 앞도 보이지 않았다. 밤새 외신을 검색하고 항공사 사이트에 들어가 새로운 공지 사항이 있는지 확인하느라 한 숨도 자지 못했다.

코로나19로 운항 노선과 인력을 대폭 줄인 항공사들이 포스트 코로나를 맞아 다시 기지개를 켜자 오히려 여기저기서 곡소리가 터져 나오고 있었다. 인플레이션으로 물가는 정신없이 오르고 노동 강도는 높아졌지만 월급은 제자리였다. 소리 없는 아우성이 절정에 이르러 임계점에 치달은 순간, 바로 그 순간이 2022년 7월이었다. 툭 하고 한 번만 건드리면 저 너머로 굴러떨어지는 아슬아슬한 상황이었는데 아무것도 모르고 절벽을 향해 돌진하던 나.

항공기는 운항을 멈추고 뒤섞인 수화물로 공항은 마비됐다. 특히 유럽이 심각했다. 7월 1일 프랑스 샤를 드골 공항에선 노동자들의 파업으로 수화물 분류기가 멈춰버렸다. 매일 22만 개의 수화물을 처리하던 분류기가 3시간 동안 멈추자 3만5,000개의 수화물이 분실됐다. 이 글을 쓰고 있는 2023년까지도 여선히 1,000개의 가방은 주인을 찾지 못했다. 현지 언론은 샤를 드골 공항의 사태를 '재앙'으로 묘사했다. 스칸디나비아 항공의 조종사 파업도 줄다리기 협상을 했지만 결국 실패하면서 파업과 파산보호 신청으로 이어지게 됐다.

어쩌면 수화물 분실보다는 나은 상황일지 모른다고 스스로 위로 했다. 촬영기자들은 이번 북극 출장을 위해 준비를 많이 했다. 북극 관련 다큐를 꼼꼼히 챙겨 보며 일반 카메라뿐만 아니라 드론에다 액션캠인 고프로 같은 특수촬영 장비까지 챙겼다. 영상을 담기 위한 외장하드와 배터리까지 합치면 작은 방송국 하나가 움직이는 것과 맞먹을 정도였다. 만약 현장에서 라이브까지 하기로 했다면 위성 안테나가 추가됐을 것이다.

스칸디나비아 항공의 파업이 끝나기를 무작정 기다리기보다는 다른 방법이 없는지 찾아봐야 했다.

* *

D-day. 세상에서 가장 무거운 짐이 나를 짓눌렀다. 파업 상황을 알고 있는 촬영기자 후배들과 아침 일찍 회사에서 만났다. 결정을 내리기가 힘들었다. 예정된 계획대로 일단 오슬로로 떠나야 할지, 아니면 오슬로 항공편을 취소하고 사스의 파업이 끝나길 기다려야 할지 결정하지 못한 채 우리는 인천공항으로 향했다.

우리의 촬영 콘셉트는 모든 과정을 보여주는 르포 형식이었기 때문에, 공항으로 가는 차 안에서 카메라를 들고 촬영을 시작했다. 기대와 설렘으로 가득 찼어야 할 첫 촬영인데 모두의 표정은 어두웠다. 촬영 장비와 개인 짐까지 수화물은 8개나 됐다. 장비는 파손 우려 때문에 모두 하드케이스에 담겨있어 굉장히 무거웠다.

오슬로로 향하는 항공편의 체크인이 시작됐다. 카트를 밀고 저선을 넘어가기만 하면 되는데 수없는 고뇌가 반복됐다. 사스 대표번호와 어렵게 통화가 되어 사정을 이야기했다. 일단 지금 오슬로로 가야 할지, 아니면 모든 일정을 취소해야 하는지를 확인했다. 그분도 갑작스러운 파업으로 우리처럼 곤란을 겪고 있는 사람들과 통화하느라 많이 지친 듯했다. 한국 지점이긴 하지만 현지의 파업 상황은 알 길이 없고 언제 끝날지 장담할 수 없다고 했다.

결국 우리는 떠나지 못했다. 파업이 금방 끝날 거라는 희망으로 오슬로에서 하루하루 시간만 죽이고 있을 수는 없었다. 우리를 도와줄 사람이 아무도 없는 낯선 곳에서 말이다. 만약 노르웨이 오슬로에 특파원이라도 있었으면 모를까. 오슬로의 비싼 물가도 마음이 쓰였다.

인천공항에서 항공권 체크인 대신 취소를 하고 회사로 다시 향했다. 오슬로와 스발바르까지 사전에 예약한 모든 숙소가 연쇄적으로 타격을 받았다. 여름철 극성수기라 환불이 안 되는 경우가 많았지만 일단 고객센터에 메일을 보냈다. 사스 파업 이야기를 하면서 말이다. 천재지변보다 더한 상황 아닌가. 나행히 스발바르의 에어비앤비는 호스트와 메시지를 주고받으며 예약을 변경할 수 있었다.

7월 6일 유난히 길던 여름날, 산더미 같은 짐을 다시 싣고 회사로 돌아왔다. 하늘이 나를 버렸다는 생각만 들었다. 어떻게 준비한 출장인데. 허탈함에 눈물도 나오지 않았다. 하루만 더 일찍 출발했다면, 아니면 1주일 뒤였다면 달라지지 않았을까. 세 번째 도전 끝에 가게 된 북극이었는데.

하늘이 돕고 회사도 도왔는데도 출발 직전에 주저앉고 말았다. 그냥 오슬로에 가서 기다리는 게 나았을까. 사무실에 다시 돌아왔을 때가 가장 난감했다. 어떤 표정을 지어야 할지 감이 안 잡혔다. 잘 다녀오라는 인사를 나눈 게 엊그제였는데. 후배들이 나를 위로했다. "선배 어떡해요. 들었어요." 속마음은 울고 싶었다. 지독하게 불운한 사람으로 낙인찍힌 것만 같았다. 얼굴이 시뻘겋게 달아올랐다. 북극 취재를 포기하고 그냥 도망치고 싶었다. 휴직이라도 해야 할까.

별생각이 다 들었다. 만약 항공사 파업이 길어질 경우 북극 현지 취재 없이 1시간짜리 다큐를 제작해야 하는 최악의 상황까지 떠올랐다. 이미 〈시사기획 창〉 다큐멘터리는 8월 23일로 방송 날짜까지 잡혀있었다. 국내 인터뷰와 해외 화상 인터뷰까지 완료했는데 이대로 날릴 수는 없었다. 구성작가도 섭외해 기획안을 논의 중이었고 리서처들과도 일을 시작한 상황이었다.

뜻이 있는 곳에
길이 있기를

한편 우리처럼 사스 항공편을 예약한 극지연구소도 같은 상황이었다. 연구자들이 오슬로에 발이 묶여 스발바르제도로 들어가지 못하고 있었다. 다행히 서울대 팀만 노르웨이 항공을 예약해 화를 면했다. 과거 사스 항공사를 이용했다가 좋지 않은 기억이 있었다고 했다. 노르웨이 항공은 사스에 비해 규모도 작고 항공편 자체가 극히 적었다.

극지연구소와 한배를 탄 우리는 노르웨이 항공 앱을 깔고 취소표가 없는지 끊임없이 '새로고침' 했다. 눈이 침침해지고 손가락이 굳어버릴 것 같았지만 멈출 수 없었다. 극지연구소 연구원들은 이런 식으로 한 자리씩 대체 항공편을 확보하는 데 성공했다.

그러나 티켓 구하는 데 초보인 우리에게는 쉽사리 행운이 찾아오지 않았다. 최악의 경우 한 자리만 확보된다면 촬영기자만 가야 하는 것 아닐까 고민했다. 아니면 나만 들어가서 서울대 팀의 드론 장비를 이용해 그림을 만들고 와야 할까? 고민이 깊어졌다.

결국 노르웨이 항공사의 티켓을 확보하지 못한다면 플랜B와 플랜C까지 총동원해야 했다. 스발바르로 들어가는 전용기와 크루즈선을 알아봤다. 비용을 생각하면 개인 적금이라도 깨야 할 판이었다. 그러나 돈은 둘째 치고, 언감생심이었다. 파업의 여파로 이용객이 폭주해 전용기 또한 불가능하다는 답장이 도착했다. 크루즈선도 사전 예약이 꽉 차있는 데다 스발바르제도까지 관광을 하면서 가기 때문에 시간이 오래 걸린다는 단점이 있었다. 최악의 선택지로 남겨두긴 했지만 절망감은 커져갔다.

극지연구소에서는 예전에 사스 파업이 1주일 만에 끝난 적이 있으니 이번에도 그 정도면 정상화되지 않겠냐는 예측이 나왔다. 수십 년간 북극을 오간 베테랑의 말이었으니 이번에도 이렇게 되길 간절히 기도했다. 그리고 모든 일정을 조정해 다시 출발일을 정했다. 7월 11일 이른 새벽 비행기였다. 오슬로에서 스발바르제도로 들어가는 사스 항공편은 일단 14일로 여유 있게 잡아두고 현지에 가서 조정하기로 했다. 14일 항공편도 항공사 사이트에는 파업에 따라 취소될 수 있다는 문구가 표시돼 있었다. 그러나 마냥 기다리고 있을 수는 없었다.

이번에도 북극에 들어가지 못하면 빙하 탐사를 함께할 서울대 팀과 현지에서 만나는 게 불가능했다. 서울대 팀도 팬데믹으로 3년 만에 북극에 들어가는 거라 우리 일정에 맞춰달라고 마냥 떼를 쓸 수 없었다. 극지연구소 또한 마찬가지였다. 다산기지에 들어가는 하계 연구단의 체류 기간은 사전에 정해져 있었다. 뒤죽박죽으로 변한 일정표를 새로 짜면서 촬영을 위해 딱 하루만 더 머물러 달라고 사정했다.

모든 것이 엉망이었다. 취재 일정은 물론 섭외도 다시 시작해야 했다. 다산기지에서 가장 중요한 취재 가운데 하나는 제플린 관측소를 방문하는 것이었다. 제플린 관측소는 북극 대기의 온실가스와 오염물질을 측정하는 곳으로, 하와이 마우나로아 관측소와 마찬가지로 지구 배경대기 관측소다. '배경대기Background Atmosphere'란 주변에 오염물질 배출이 없는 자연 그대로의 대기를 의미한다.

북극에서도 사스 파업을 알고 있을 테니 우리의 곤란한 처지를 이해해 줄 거라고 믿었다. 유럽 사람들은 사사로운 정에 휘둘리지 않고 정해진 원칙대로 행동한다는 얘기를 들었지만, 그래도 다시 문을 두드려 봤다. 우리는 더 이상 잃을 게 없었다. 섭외 하나가 날아가면 뉴스나 다큐멘터리에서 한 꼭지를 통째로 잃게 된다. 다른 날짜에 방문할 수 없는지 메일을 보내자 다행히 괜찮다는 답장이 도착했다. 여전히 불확실성이 가득한 출장이었지만 세상을 다시 얻은 기분이 들었다.

이번에는 모두가 잠든 밤에 인천공항으로 출발했다. 처음 취소한 항공편은 독일 뮌헨을 경유하는 루프트한자였는데 이번에는 도하를 경유하는 카타르 항공을 선택했다. 유럽 공항의 연쇄 파업이라는 혹시 모를 여파를 피하기 위해서였다. 7월 6일에 이어 두 번째로 짐을 싸서 출발한 우리는 애써 담담한 척했다. 사스 파업은 여전히 진행 중이었고 언제 끝나리라는 확신은 없었다. 하지만 지금 가지 않으면 북극 취재는 영영 불가능했다. 오슬로에 있는 사스 항공사 데스크에 가서 드러눕는 한이 있어도 출발해야 했다.

중간 경유지인 도하 공항은 벌써부터 월드컵 분위기로 가득했다. 사상 최초로 사막의 땅 아랍에서 열리는 제22회 월드컵. 월드컵이 11~12월에 개최되는 것도 처음이었다. 도하에서 한국 대표팀은 12년 만에 16강 진출이라는 기적을 일구었다. 조금만 마음에 여유가 있었다면 유심히 봤을 텐데. 당시에는 그럴 경황이 없었다. 도하 공항은 인천공항 못지않게 화려했다. 후배들이 "선배, 잠시 구경하시죠"라는 말을 건네기도 했지만 귀에 들어오지 않았다.

공항 라운지에 앉아 노르웨이 항공 취소표가 있는지 확인하기에 바빴다. 그러던 중 좌석 한 장을 기적적으로 확보했다. 누군가가 취소한 순간 무서운 속도로 결제 버튼을 눌렀다. 극지연구소의 조언대로 결제할 카드 정보를 미리 입력해 놓은 덕분이었다. 그러나 기적은 한 번뿐이었다. 최악의 경우 나 혼자 북극에 들어간다면 할 수 있는 일이 무엇인지 고민하느라 머릿속이 복잡해졌다. 평소 카메라 다루는 법을 배워둘 걸 그랬다는 생각이 들었다.

　예전 미국 NASA 출장 때 캠코더와 트라이포드를 가져가 혼자 촬영하고 한국에 돌아와 리포트를 제작한 적이 있다. 그때는 NASA의 엄청난 영상 자료에 인터뷰만 곁들이는 정도여서 가능했다. 그러나 이번에는 북극의 영상 자체를 보여주는 것만으로도 울림이 크기 때문에 혼자서는 불가능했다. 북극 자료 영상을 사용할 거라면 군이 현지 출장을 갈 필요가 없다. 무거운 마음은 끝없이 내려앉았다. 걱정이 무한 반복되는 사이에 노르웨이 오슬로 공항에 도착했다. 출발한 지 20시간이 흘러있었지만 짧게만 느껴졌다.

북극 취재 일정표(V.4)

날짜	일정		내용
7.11(월)	인천 출발(01:30)		도하(05:55)→도하 출발(08:30)→오슬로(14:15)(1박)
7.12(화)	롱이어비엔 6박 (에어비앤비)	오슬로 출발 (SAS 09:40)	롱이어비엔 도착
7.13(수)-14(목)		보트 탐사 예약	롱이어비엔 탄광촌 스케치, 보트 섭외, 서울대 최경식 교수팀, 극지연 남승일 박사 취재
7.15(금)		영구동토층 취재	엄청난 양의 탄소와 메탄 묻혀있어 '시한폭탄'으로 불리는 영구동토층, 땅이 슬러지처럼 출렁이는 모습, 무너져 내린 건물, 무덤, 산사태 방지 펜스, 바퀴 달린 개썰매, 삶의 터전 잃어버린 주민들 밀착 취재
7.16(토)~17(일)		피오르 빙하 취재 (16일 보트 렌트)	-피오르 빙하 지대(피라미덴 포함) 보트 탐사 -수만에서 수천 년 전 형성된 빙하가 급속히 후퇴하며 폭포 같은 물이 쏟아져 내리고 갯벌처럼 변한 딕슨 피오르→북극의 미래 보여주는 '축소판' -최근 5년간 빙하의 유속과 수량, 탁도, 퇴적물 조사 서울대 최경식 교수팀, 극지연 남승일 박사 동행
7.18(월)	다산기지 3박	롱이어비엔 (오전 10:15)- 니알슨 다산기지	-오리엔테이션, 기지 생활 등 안내 -니알슨 북극 생태(이끼, 습지 표본 등) 조사(이유경 박사) -기온 상승에 의한 생태계 변화와 유전자 돌연변이 모 니터링 실험
7.19(화)		다산기지 집중취재 (대기 파트)	-독일기지 라디오존데 실험 촬영 -제플린 관측소(1시 노르웨이기지에서 출발), 지구에서 가장 깨끗한 공기, 전 지구 대기 감시, 이산화탄소 농도 관측 -노르웨이 연구원 인터뷰(Jesper Mosbacher) -이탈리아 연구원 인터뷰
7.20(수)		다산기지 집중취재 (생태 파트)	-마린랩, 테레스트리얼랩 등 생태 연구 촬영 -이유경 박사 휴먼 인터뷰 -바다 코끼리(월러스) 포럼
7.21(목)	롱이어비엔 3박	니알슨(15:30)-롱이어비엔 도착	
7.22(금)-23(토)		스발바르 박물관 취재, 현지 주민, 남승일 박사 인터뷰	
7.24(일)	오슬로 1박		롱이어비엔(07:35)→오슬로 (10:30)→숙소 이동
7.25(월)	오슬로 출발(15:45)→도하(23:15)		도하 출발(26일 02:10)→인천 도착(26일 16:55)

네 번째 버전의 취재 일정표(저자 제공).

눈부신
오슬로의 반나절

KBS 스티커가 붙은 어마어마한 짐을 체크인 했다가 되찾는 과정을 반복하다 보면 나도 모르게 긴장감과 안도감이 반복된다. 무거운 돌덩어리를 산 정상으로 밀어 올리던 시시포스의 심정이 이랬을까. 공항에 도착해 일단 짐을 모두 맡기면 몸이 깃털처럼 가벼워진다. 해방감에서 오는 행복이라고 할까. 누군가는 여행자가 짊어진 배낭의 무게가 전생의 업보라 하고, 진정한 고수는 가방 하나만 메고 해외로 떠난다고도 한다. 맞다. 짐의 무게가 전생에 지은 죄라면 우리는 엄청난 죄인인지도 모른다.

여행이 끝나고 낯선 공항에 내려 짐을 다시 찾는 순간이 오면 설렘보다는 불안이 앞선다. 혹시 중간에 분실되지는 않았는지 걱정이 밀려오고 짐이 모두 무사히 도착한 걸 확인했을 때에야 비로소 한숨 돌릴 수 있다. 그러나 카트에 층층이 짐을 쌓고 출국장으로 나갈 때는 다시 산 정상으로 바위를 밀어 올리는 시시포스가 된다. 이렇게 많은 짐을 가지고 오슬로 시내에 있는 호텔까지 어떻게 가야 하나 걱정이 앞섰다. 일단 촬영 장비 같은 짐은 보관함에 두고 꼭 필요한 물건만 챙기기로 했다. 오슬로는 물가가 비싸서 공항에서 시내까지 택시를 타면 돈이 꽤 들어 기차를 타기로 했다.

숙소에 가기 전 해결해야 할 문제가 있었다. 사스의 데스크를 찾아갔더니 사람들이 많이 몰려있었다. 파업이 1주일 정도 이어지는 상황이었기 때문에 대체 항공권을 구하거나 환불을 문의하는 인파였다. 나 역시 직원에게 다큐멘터리 제작을 위해 북극 스발바르제도에 반드시 들어가야 한다고 말했다. 사실 멱살이라도 잡고 싶었다. 파업의 여파로 잠 못 자던 지난날의 악몽이 스쳐 지나갔지만 속으로 되뇌었다. 제발 진정하자. 어차피 아쉬운 건 우리니까. 파업이라는 예상치 못한 일에 누구를 탓할 수도 없고 그저 운이 안 좋았다고 생각하자.

직원은 나에게 정말 유감스럽다는 표정을 지은 뒤 살며시 말했다. 내일은 스발바르제도로 가는 비행기가 뜰 것 같다는 것이었다. 너무나 충격적인 소식이었지만 일상적이고 담담한 어조로 말해서 처음에는 귀를 의심했다. 오전 9시 40분 비행기였다. 파업은 끝나지 않았지만, 오슬로에서 스발바르로 가는 항공편은 대체 항공편이 거의 없기 때문에 일부를 정상화시킨 것 같았다. 우리뿐만 아니라 북극 주민들의 원성도 자자했나 보다.

넉넉잡아 두세 시간 전에는 공항에 도착해야 하기 때문에 오늘

사스 항공권 입수! 진짜 가는 건가?

로 시내에 있는 호텔에 묵는 것은 무리였다. 기차를 타고 이동하려고 했지만 이른 새벽에 우리를 공항으로 실어다 줄 교통편이 마땅치 않았다. 바윗돌처럼 무거운 짐도 발목을 잡았다. 휴가철이라 공항 짐 보관함에도 빈자리가 별로 없었다.

결국 오슬로 시내의 호텔을 취소하고 공항 바로 옆 걸어서 갈 수 있는 호텔을 급하게 예약했다. 다행히 방이 있었다. 하지만 먼저 예약한 호텔은 이미 사전 결제를 했기 때문에 '노쇼'가 적용돼 전부 날릴 수밖에 없었다. 이런 일에 익숙하지 않은지라 마음이 심란했다. 하지만 내일 오전에 뜨는 비행기를 타지 못한다면 북극 취재는 진짜 불가능할 거란 예감이 들었다. 기대하지 못했던 한 줄기 빛이 우리에게 비쳤는데 그 기회를 놓칠 순 없었다.

그 어느 때보다 비장한 얼굴로 짐이 가득 실린 카트를 밀며 호텔로 향했다. 7월 중순의 오슬로. 오슬로에 대한 정보나 기대는 전혀 없이 이곳에 도착한 나. 오슬로는 그저 북극으로 가기 위한 경유지일 뿐이었다. 그러나 그날 오후 오슬로는 너무 아름다웠다. 우

리나라 초가을처럼 황금빛 햇살이 비치고 시원한 바람이 살랑거렸다. 덥지도 춥지도 않은 완벽한 날씨.

그날 밤 처음으로 북극권의 밤을 경험했다. 태양의 고도가 가장 높은 7월 중순, 태양은 완전히 넘어가지 않았고 밤새도록 어스름한 빛이 창밖에 머물렀다. 백야였다. 어둡지만 어둡지 않은 밤. 어둠 속에 깃든 눈부신 밝음. 알람을 맞추고 침대에 누웠다. 커튼을 쳤다. 피곤함에 졸음이 쏟아지는데도 눈을 감으면 이상하게 잠이 오지 않았다. 내일이면 어쨌든 북극에 갈 수 있다는 사실만으로 가슴이 뛰었다.

* *

오슬로 공항은 아침부터 북적거렸다. 거대한 방송 장비를 카트에 싣고 또다시 밀었다. 공항의 혼잡 속에서 짐을 부치기 위해 줄을 선 채 오랜 시간 기다렸다. 북극 취재의 '팔할'은 기다림이었다. 짐을 무사히 부친 뒤에야 비로소 허기가 밀려왔다.

촬영기자 후배들과 오슬로 공항의 높은 물가를 체감하며 아침을 먹었다. 밥을 먹으면서도 공항 전광판을 수시로 살폈다. 스발바르제도의 롱이어비엔으로 가는 사스 항공편은 아직 취소되지 않았다. 설마 짐을 모두 부쳤는데 갑자기 취소되지는 않겠지 하며 마음을 가다듬었다.

항공기 탑승이 시작되는 순간 정말 가는구나 싶어서 왈칵 눈물이 날 것 같았다. 항공기는 오로라 명소인 노르웨이 트롬쇠를 경유했다. 여름 백야 기간에는 오로라를 볼 수 없지만 많은 관광객이 트롬쇠에서 내렸다. 우리도 트롬쇠 공항에 내려 여권에 스탬프를 찍은 뒤 다시 비행기에 올랐다. 언젠가 북극의 추억을 이야기하며 이곳에 오로라를 보러 올 날이 있을까.

한여름이지만 창문 아래로 눈 덮인 풍경이 펼쳐졌다. 여기가 북극이구나, 실감하는 순간이었다. 겨울왕국을 감상하느라 시간 가는 줄도 몰랐다. 파업으로 속을 썩이긴 했지만 사스의 승무원들은 더할 나위 없이 친절했다. 놀라운 건 승객들이 승무원에게 다시 만나 반갑다고 인사를 건네는 장면이었다. 잔뜩 화가 난 사람은 우리밖에

없었다. 아마 나처럼 다큐멘터리 촬영이 걸려있거나 적잖은 돈을 날리지 않아서일 거라고 생각했다.

유럽 여행이나 출장을 다녀온 사람들에게서 파업으로 고생했다는 이야기를 평소에 많이 듣긴 했다. 지하철이나 철도, 박물관 등 하필 방문한 시점에 어디선가 갑작스럽게 파업이 발생해서 허탕을 치고 온 경우였다. 설마 나에게 그런 일이 생길까 하고 다들 방심할 수도 있지만 내 경우처럼 그런 일은 언제든지 생길 수 있다. 공통적으로 들은 말은, 현지 사람들은 불편할 법도 한데 파업을 노동자의 권리로 인식하고 자연스럽게 받아들인다는 점이었다. 우리나라에서는 상상하기 어려운 일이다.

코로나19 기간에 택배 노동자들이 파업을 했고 병원을 지키던 의사와 간호사, 지하철 노동자, 화물차 노동자도 일을 멈췄다. 정부가 개입해 파업은 그리 오래가지 않았다. 우리 사회는 왜 이런 파업이 주기적으로 발생하는지 근본적으로 들여다보고 해결책을 마련하는 게 아니라 국민의 불편이 커지기 전에 입을 막는 데만 급급하다.

나 역시 기다리던 택배가 늦어질 때는 답답했다. 하지만 평소에 택배 공화국이라고 불릴 정도로 배달이 빠르고 가격이 저렴한데도 택배 노동자가 어떤 환경에서 근무하는지는 관심이 없었던 게 사실이다. 택배 파업이 끝나고 우리 아파트 택배 배달하는 분이 다시 왔을 때 수줍게 음료수를 건넸다. "돌아와 주셔서 환영합니다." 사스의 승무원들도 조종사 파업으로 마음고생이 심했을 테니 감사하다는 인사를 건네고 롱이어비엔 공항에 발을 내디뎠다.

북위 78도, 사람이 거주하고 있는 지구 최북단 스발바르제도. 공항 수화물 벨트 한가운데 커다란 북극곰 조형물이 보였다. 스발바르의 상징인 북극곰으로 이곳에 도착하면 반드시 그 앞에서 사진을 찍어야 한다고 했다. 최종 목적지에 도착했으니 이제 잠깐 편안하겠지 생각하며 가벼운 마음으로 짐을 찾았다. 공항을 나서자 전 세계의 주요 도시와 얼마나 떨어져 있는지 보여주는 이정표가 보였다. 아쉽게도 일본 도쿄는 있었지만 대한민국 서울은 없었다.

오슬로 공항에 있는 동안 롱이어비엔의 숙소를 급하게 추가로 예약했다. 예상보다 이틀 일찍 롱이어비엔에 들어가게 됐기 때문이다. 다행히 나무로 지은 빨간색 집의 2층을 빌릴 수 있었다. 평소에도 인터넷 쇼핑과 최저가 검색에 재주가 있다고 생각했는데 이럴 때 빛을 보게 될 줄이야. 택시를 불러 주소를 알려주고 새로운 보금자리를 향해 몸을 실었다.

차가운 해안과
뾰족한 산

국경의 긴 터널을 빠져나오자 눈의 고장이었다. 밤의 밑바닥이

하얘졌다. 신호소에 기차가 멈춰 섰다.

—가와바타 야스나리, 《설국雪國》(민음사, 2000)

북극에 첫발을 내딛는 기분이 아마 이렇지 않을까 여러 차례 상

상했다. 가와바타 야스나리의 《설국》은 너무나 유명한 소설이라

다들 첫 문장 정도는 어디선가 봤을 것이다. 이공계인 나도 앉은

자리에서 다 읽을 수 있을 만큼 길이가 짧고 동시에 강렬한 소설

이다. 긴 터널 뒤에 우리를 기다리고 있는 신비로운 설국雪國.

그러나 북극을 마주한 첫인상은 그저 놀라움이었다. 비행기에서

내려다본 높은 고도의 풍경과 달리 지상에는 눈이 거의 없었다. 회색빛 산등성이 높은 곳에만 만년설이 조금 남아있었다. 메마른 사막이 떠올랐다.

날씨도 온화했다. 낮 기온이 영상 10℃를 웃돌아 우리나라로 치면 가을 날씨 같았다. 여행용 가방엔 극지연구소에서 대여한 두꺼운 의류가 대부분이었는데 이럴 거면 굳이 무겁게 챙겨 올 필요가 없었다. 털부츠와 장갑, 털모자 같은 방한용품도 마찬가지였다. 봄가을용 아웃도어와 내피용 점퍼로 충분했다.

스발바르Svalbard는 '차가운 해안'이라는 뜻으로 1194년 노르웨이 어부들이 처음 발견했다. 스발바르제도는 노르웨이와 북극점의 중간에 위치하고 있으며, 위도는 북위 74도에서 최고 81도에 이른다.

눈과 얼음으로 덮인 차가운 해안은 사람이 살기에 우호적인 환경이 아니었다. 스발바르제도는 발견과 동시에 그대로 버려졌다.

400년 가까이 깊은 잠을 자고 있던 스발바르는 1596년 네덜란드의 탐험가 빌럼 바렌츠에 의해 다시 깨어났다. 당시 네덜란드는 북극 바다를 지나 인도로 가는 북동 항로를 개척하고 있었다. 1498년 포르투갈의 바스쿠 다가마는 아프리카 희망봉을 지나 인도로 가는 루트 개척에 성공했다. 더 빠른 길을 찾고 있었던 네덜란드는 남쪽이 아닌 북쪽을 택했다. 그러나 혹독한 추위로 인해 뚜렷한 성과를 내지 못하고 있었다.

세 번째 북극 항해 중이던 바렌츠는 스발바르제도에서 가장 큰 섬을 발견하고 '뾰족한 산'을 의미하는 '스피츠베르겐Spitsbergen'이라

고 이름 붙였다. 스피츠베르겐은 스발바르제도에서 가장 큰 섬이다. 스발바르는 9개의 주요 섬으로 이뤄져 있는데 사람이 거주하는 곳은 스피츠베르겐을 포함해 세 곳에 불과하다. 스발바르의 전체 면적은 6만1,022km²로 한반도의 28%에 이르는데 스피츠베르겐이 전체 3분의 1 정도를 차지하고 있다.

스피츠베르겐의 중심 도시인 롱이어비엔에는 스발바르 유일의 공항이 있다. 우리도 오슬로에서 비행기를 타고 롱이어비엔으로 왔다. 롱이어비엔이라는 이름이 입에 붙고 익숙해지는 데 한참이 걸렸다. 인구의 대부분이 롱이어비엔에 살고 있는데 그래봐야 1,800명 정도에 불과하다. 처음 이곳에 도착했을 때는 예상보다 번화한 모습에 조금 놀랐다. 대형마트에 식당, 술집, 쇼핑몰, 호텔 등 있을 건 다 있었다. 규모는 작지만 오슬로와 크게 다르지 않았다.

전 세계 과학자들이 모여드는 킹스베이 과학기지촌은 롱이어비엔(북위 78도)보다 북서쪽인 니알슨(북위 79도)에 있다. 니알슨은 지구 최북단 마을로 과거 탄광이 많았지만 잦은 사고로 지금은 거의 문을 닫고 과학 연구를 위한 요람으로 변신했다. 롱이어비엔 공항에서 경비행기를 갈아타고 20분 정도 비행하면 니알슨으로 갈 수 있다. 우리가 니알슨으로 이동할 때 공항에서 영국 극지연구소 사람들을 만나기도 했다.

바렌츠가 스피츠베르겐섬을 처음 발견했을 때는 한여름이었다. 우리가 도착한 시기와 비슷하다. 바렌츠도 지금 내가 보고 있는 하

스발바르제도 롱이어비엔 공항.

늘을 봤을까? 여름이면 24시간 해가 지지 않는 백야가 지속된다는 사실을 알았던 바렌츠는 네덜란드에서 5월 중순에 출발했다. 북극을 항해한 경험이 많은 바렌츠는 어딘가에 얼음이 없는 바다가 존재할 거라고 믿었다.

　네덜란드의 항구에서 출발한 바렌츠 일행이 북해와 노르웨이해를 통과하고 북위 74도 스피츠베르겐을 발견하기까지는 순조로웠다. 그러나 7월에 접어들었는데도 바다 얼음인 해빙이 너무 많았다. 배는 더 이상 나아가지 못했고 이후에는 비극적인 셜말이 기다리고 있었다. 바다에 떠다니는 빙산에서 북극곰을 잡아먹으며 수개월간 버텼다거나 러시아의 영토인 노바야제믈랴제도에 머물며 탈출을 시도했다는 이야기가 전해진다.

1년 뒤 바다가 녹았을 때 다시 고국으로 돌아가고자 항해에 나섰지만 바렌츠는 결국 배에서 숨을 거뒀다. 전체 선원 17명 가운데 8명이 목숨을 잃을 정도로 가혹한 항해였다. 그런데도 배에 실려있는 화물에 전혀 손을 대지 않았다는 일화가 퍼져나가면서 네덜란드가 해상 무역의 강자로 급부상할 수 있게 됐다. 죽음 앞에서도 무너지지 않은 신뢰와 신용을 인정받은 것이다.

하지만 바렌츠는 그저 불운한 탐험가가 아니었다. 그의 이름은 스발바르와 노바야제믈랴 사이의 바다인 바렌츠해에서 영원한 생명을 얻게 됐다. 북대서양을 접하고 있는 바렌츠해는 북극이 시작되는 입구와 마찬가지여서 따뜻한 난류가 밀려온다. 이곳의 변화는 한반도의 기후에 큰 영향을 미친다. 바렌츠해의 해빙이 많이 녹으면 우리나라에 여름 폭염이나 겨울 한파를 몰고 온다는 연구 결과가 있다. 나 역시 여러 차례 바렌츠해의 해빙에 대해 보도한 적이 있다.

바렌츠해를 입에 올릴 때마다 나는 대항해시대 커다란 범선을 타고 미지의 대양을 누비던 탐험가를 떠올린다. 남쪽이 아닌 북쪽 항로를 용감하게 개척한 바렌츠에게 어쩌면 더 특별한 애정이 느껴지는 것도 당연하다.

바렌츠를 죽음으로 몰고 간 북극의 해빙은 이제 여름이 되기도 전에 대부분 녹아버린다. 쇄빙선 없이도 북극 탐험이 가능해지는 미래는 축복이 아니라 비극이다. 기후학자들은 앞으로 10년 안에 해빙이 없는 북극의 여름이 찾아올 수 있다고 경고하고 있다.

　해가 지지 않는 백야의 여름 속 스피츠베르겐섬은 눈과 얼음을 완전히 벗고 뾰족한 산등성이의 골격을 앙상하게 드러내고 있었다. 빙하가 녹은 물은 계곡을 따라 흐르고 마을 곳곳에 거센 급류가 굽이쳤다. 빙하가 품고 있던 흙이 섞여 내려와 물은 온통 흙빛이다. 발을 헛디뎌 급류에 휘말렸다가는 세상과 이별할 것 같은 아찔함이 밀려올 정도였다.

　북극의 풍경은 420년 만에 극적으로 바뀌었다. 눈과 얼음이 사라지고, 사하라사막처럼 건조하고 메말라 보이는 북극. 바렌츠가 지금의 북극을 본다면 과연 어떤 기분이 들까.

북극 빙하
관광의 딜레마

스발바르에 도착해서 놀란 점은 생각보다 관광객이 많다는 것이었다. 나만 알고 찾아온 오지라고 생각했는데, 와보니 이곳은 유럽인 사이에서 유명한 관광지였다.

우리 숙소는 롱이어비엔의 중심가에 있었다. 코앞에 마트와 식당과 쇼핑몰이 있었고, 하루에 한 차례 정도는 커다란 버스가 관광객을 싣고 오갔다. 단체로 극지연구소 유니폼을 입은 해외 연구자들도 있었지만 대부분 고령층으로 보이는 관광객이었다. 날씨가 온화한 여름철에 보트를 타고 피오르 빙하를 감상하는 투어가 인기라고 했다. 기후위기로 우리가 빙하를 보는 마지막 세대가 될 수 있다는 예측이 나오면서 '둠 투어doom tour' 상품도 많아졌다.

스발바르제도의 60%가량은 빙하로 이뤄져 있다. 빙하는 육지에 쌓인 눈이 단단하게 다져져 만들어지는데 스발바르에는 복잡한 피오르 지형을 따라 빙하가 존재한다. 피오르는 과거 빙하에 의해 침식된 골짜기에 바닷물이 들어와 만들어진 지형으로, 눈 덩어리에 의해 깎여나간 모양이 U자처럼 보인다. 학창 시절에 'U자곡'이라고 배운 바로 그 골짜기다. 우리나라에는 빙하 대신 급류에 의해 깎인 날카로운 'V자곡'이 있다.

　스발바르는 고위도에 위치하기 때문에 피오르마다 빙하가 존재한다. 현재 우리가 볼 수 있는 피오르 빙하는 마지막 빙하기였던 1만 년 전까지 형성됐고 이후 간빙기인 홀로세에 접어들며 계절에 따라

노르웨이의 피오르 지형. ⓒ Eirik Solheim

클로드 모네, 〈크리스티아니아의 피오르〉, 1895. '크리스티아니아'는 오슬로의 옛 이름이다.

녹았다 얼었다를 반복하고 있다.

호화스러운 크루즈선에서 구경하는 빙하는 더욱 낭만적일 것이다. 롱이어비엔 항구에 대형 크루즈선이 시커먼 연기를 내뿜으며 정박해 있는 모습을 흔히 볼 수 있었다. 노르웨이에서 출발한 크루즈선이었다. 현지 주민들은 관광업을 통해 수입을 얻기 때문에 관광객에게 우호적이었다. 스발바르에 동양인은 매우 드물었는데 우리가 입고 있는 극지연구소의 점퍼를 보고 한국에서 온 과학자인지 물으며 반겨주기도 했다.

어느 날은 중국인 단체 관광객을 실은 버스가 도착했다. 조용했던 동네가 갑자기 소란스러워졌다. 관광객들은 붉은색 단체복을 입고 있었다. 우리가 같은 동양인인 것을 발견한 그들이 사진을 찍어 달라고 부탁하려는 순간 나는 살짝 시선을 돌렸다. 동시에 마음속으로 걱정이 밀려왔다. 스발바르가 중국에 관광지로 소문나면 큰일 날 것 같았기 때문이다.

실제로 북극을 오가는 과학자들도 비슷한 생각을 한다. 북극의 빙하를 보려는 사람들이 몰려들면 온실가스와 오염물질 배출이 늘고 빙하와 영구동토층, 생태계에 영향을 줄 테니 말이다. 관광객이 늘어날수록 주민들은 돈을 벌겠지만 장기적으로 보면 북극이 정체성을 잃고 결국 북극으로 향하는 사람들의 발길이 끊어질지 모른다.

롱이어비엔과 대조적으로, 나중에 방문한 니알슨 킹스베이 과학 기지촌은 연구 목적을 위해 만들어진 곳이라 환경보호가 철저하고 관광객을 위한 편의시설이 아예 없었다. 식사는 기지의 공용 식당에서 하고 기지를 떠날 때 모든 비용을 정산했다.

기지촌 안에 있는 기념품 가게는 1주일에 한 번 정해진 시간에만 문을 열었다. 우리가 니알슨에 도착한 날이 바로 그날이었다. 문 닫는 시간이 10분 정도밖에 남지 않아 헐레벌떡 달려갔건만 구경도 제대로 못 하고 나올 수밖에 없었다. 언제 그곳에 다시 갈 수 있을지 생각하면 안타깝지만 스발바르의 살인적인 물가를 고려하면 차라리 잘된 거라고 스스로를 위로했다.

지금은 관광객과 과학자의 발길이 이어지고 있지만 스발바르는 과거 고래잡이로 유명했다. 바렌츠가 스피츠베르겐을 발견한 이후 네덜란드 어부들은 이곳을 고래잡이 기지로 활용하기 시작했다. 뒤이어 영국, 덴마크, 프랑스도 동참했고 포경 산업은 절정을 누렸다. 1930년대 노르웨이의 고래기름 생산량은 전 세계 70%를 차지할 정도였다.

이렇듯 지나친 포획으로 고래 수는 급격하게 줄었고, 1946년 국제포경조약이 만들어져 고래잡이를 규제하기 시작했다. 1982년 상업적인 포경이 전면 금지되자 고래잡이는 추억 속으로 사라졌다. 마치 허먼 멜빌의 소설《모비딕Moby-Dick》에나 나올 법한 에이햅 선장의 허상처럼 말이다. 단 일본은 2019년 공식적으로 국제포경위원회IWC를 탈퇴하고 나 홀로 고래잡이를 계속하고 있다.

스발바르에는 검은 황금으로 불리던 석탄도 풍부하게 매장돼 있었다. 스발바르와 가까운 노르웨이가 1899년 처음으로 채굴에 뛰어들었고 1906년에는 노다지를 노리는 미국의 상업 광산이 문을 열었다. '롱이어비엔Longyearbyen'이라는 지명은 미국 광산 설립자였던 존 먼로 롱이어John Munro Longyear의 이름에서 유래했다.

주인 없는 땅이었던 스발바르에서 엄청난 양의 석탄이 채굴되자 각국의 쟁탈전이 심해졌다. 노르웨이, 스웨덴, 덴마크, 영국은 스발바르에 대한 영유권을 주장했고 네덜란드, 프랑스, 스페인은 수렵권을 달라고 아우성이었다. 이때까지만 해도 스발바르 주변 대륙붕에 묻혀있는 석유의 존재는 드러나지 않은 상태였다.

결국 1920년 2월 9일 프랑스 파리에서 스발바르 협약이 맺어졌다. 제1조에서 스발바르제도에 대한 노르웨이의 완전하고 절대적인 주권을 인정하되 군사적인 목적으로 사용할 수 없게 제한(제9조)했다. 나머지 조항에서는 협약에 가입하기만 하면 자유롭게 드나들며 연구나 자원 채굴, 기업 활동 등이 가능하도록 했다. 지금까지 이 협약에 가입한 국가는 46개국에 이른다.

사실상 가입 안 할 이유를 찾기 힘들다. 중국과 일본은 1925년에 일찌감치 가입국이 됐다. 우리나라는 늦긴 했지만 2012년 가입과 동시에 다산기지를 운영함으로써 북극 연구의 발판을 마련했다.

스발바르에는 거친 바다를 헤치던 어부와 탄광 노동자의 숨결이 아직도 남아있다. 롱이어비엔의 식당에서는 고래 고기를 팔지 않는다. 다만 메뉴판에 물개 스테이크가 있었다. 물개 고기는 까만색을 띠었고 약간 질기긴 했지만 냄새도 안 나고 수월하게 먹을 수 있었다. 우리나라에서 먹는 순대의 간 같은 풍미랄까.

덤으로 한 가지 더 특별한 메뉴가 있었는데 바로 순록 고기였다. 스발바르에는 사람보다 북극곰이 더 많고 북극곰보다 더 흔한 것이 바로 순록이었다. 동네 강아지처럼 사람을 봐도 피하지 않고 평화롭게 풀을 뜯어먹는 모습이 너무 귀여웠다. 순록으로 만든 햄버거를 먹던 날 순간적으로 죄책감이 밀려왔지만, 쇠고기 패티가 들어간 것처럼 맛있어서 금세 잊고 말았다.

특이하게도 스발바르에서는 어딜 가나 현관에서 신발을 벗는 모습을 목격할 수 있었다. 많은 사람이 드나드는 마트 같은 곳은 제외

였지만 박물관이나 식당, 주택에 들어갈 때는 신발을 벗어 신발장에 넣고 슬리퍼로 갈아 신어야 하는 곳이 많았다. 나중에 알고 보니 과거 석탄 시대의 풍습이었다. 석탄 가루가 묻은 신발을 신고 실내에 들어가면 해로운 먼지가 유입되기 때문이다. 지금은 탄광이 대부분 폐쇄됐지만 여전히 신발을 벗고 실내 생활을 하는 모습은 역시 좌식 문화권인 우리에게도 친숙한 풍경이었다.

빛의 제국,
백야의 하얀 밤

"The landscape suggest night and the skyscape day.

This evocation of night and day seems to me to have the

power to surprise and delight us. I call this power: poetry."

풍경은 밤을, 하늘은 낮을 암시한다.

밤과 낮의 재현은 나에게 경이롭고 매혹적인 힘을 느끼게 한다.

나는 이 힘을 시라고 부른다.

—마그리트, 〈빛의 제국L'empire des Lumieres〉(캔버스에 유채, 1949~1954)에 대한 논평

북극에 다녀왔을 때 사람들이 가장 많이 하는 질문이 있었다. 일단 북극곰을 봤는지, 그리고 오로라와 별은 어땠는지였다. 앞의

질문에는 구구절절 부연 설명이 잇따르지만 두 번째와 세 번째 질문에 대해서는 곧장 대답이 튀어나왔다.

　7월 중순 북극은 밤이 없었다. 당연히 오로라도, 별도 볼 수 없다. 백야가 절정에 달한 이때 북극의 하늘에선 눈부신 태양빛이 하루 종일 왈츠를 추는 나비처럼 떠나지 않고 맴돌았다. 오슬로에서는 자정 전후가 되면 그래도 어스름한 밤의 빛깔이 내려앉았는데…. 북위 60도와 북위 78도의 차이는 어마어마했다.

　처음 접한 백야 현상에 마그리트의 그림이 떠오른 것은 우연이었을까. 1954년까지 연작으로 발표한 마그리트의 〈빛의 제국〉에는 하나의 캔버스 안에 밤과 낮이 조화롭게 존재하고 있다. 처음 이 그림을 봤을 때 기묘하다는 느낌을 지울 수 없었다. 뭉게구름이 떠있는 하늘은 분명 한낮인데 지상의 주택들은 깊은 밤처럼 조명을 밝히고 있다. 하늘이 밝고 눈부실수록 지상의 어둠은 칠흑같이 짙었다.

　밤과 낮이 공존하는 초현실적인 풍경. 마그리트의 그림은 그가 남긴 말처럼 경이롭고 매혹적이다. 마그리트는 자신의 작품을 통해 시적 허용이 가득한 한 편의 시를 쓰고 싶었는지도 모른다. 마그리트에게 밤과 낮은 최고의 관심사였고, 밤과 낮에 감탄과 존경의 감정을 지니고 있었다고 고백하기도 했다.

　스발바르에서 보낸 시간은 마그리트의 그림 같았다. 나는 한동안 마그리트의 캔버스 안에 있었다. 밤이 되면 나의 관습은 어둠 속 조명을 밝히고 이제 잠자리에 들 시간이라고 속삭였다. 그러나 창밖의 풍경은 비현실적으로 파란 하늘이었다.

　나의 육체는 피곤하고 졸렸지만, 나의 모든 감각은 지금이 밤이 아니라고 소리쳤다. 다행히 북극의 집은 암막 커튼을 갖추고 있어서 커튼을 닫았다 다시 여는 것으로 모호한 밤과 낮을 경계 지을 수 있었다. 내가 잠시 밤의 시간에 다녀올 동안에도 커튼 뒤에서는 여전히 눈부신 낮의 시간이 흐르고 있었다.

　백야白夜는 위도 66도 이상의 지역에서 여름 동안 태양이 지평선 아래로 내려가지 않는 현상이다. 우리가 쓰는 백야라는 말은 러시아어 '흰 밤Белая ночь'의 일본식 번역으로 '한밤의 태양Midnight Sun' 또는 '하얀 밤White Night'이라고도 불린다. 북극점에서는 춘분부터 추분까지 1년의 절반 동안 낮이 지속되고 추분부터 다음 해 춘분까지는 계속 밤, 그러니까 백야의 반대인 극야極夜, Polar Night가 이어진다. 극야는 태양이 지평선 위로 올라오지 않아서 종일 어둠이 계속되는 현상이다. 북극의 백야 기간에 남극에선 극야가 나타난다. 지구의 양극단인 북극과 남극에서 태양을 절반씩 나누어 쓰는 셈이다.

　노르웨이, 스웨덴, 핀란드, 아이슬란드, 알래스카, 캐나다 북부, 러시아 북부에서도 여름의 절정인 하지 무렵 백야를 경험할 수 있다. 완전한 백야는 아니고 자정을 전후해 태양이 지평선 아래로 잠깐 내려갔다가 다시 올라온다. 핀란드나 노르웨이에서는 태양이 밤 10시 30분쯤 졌다가 새벽 4시 넘어서 다시 떠오른다.

　북반구에서 사람이 사는 가장 높은 위도에 위치한 스발바르에선 태양이 지평선 아래로 종일 내려가지 않았다. 시간에 따라 태양의 고도가 높아졌다가 낮아지면서 움직이긴 했지만 절대로 해가 뜨는 풍경과 지는 풍경을 볼 수 없었다. 이 말은 일출과 일몰, 그리고 아름다운 노을을 보는 일이 불가능하다는 뜻이다. 단 비가 오거나 날씨가 궂은 날에는 해가 구름에 가리면서 한낮의 밝기가 어두워졌다.

해가 지지 않는 북극은 우리에게 기회였다. 일단 이른 새벽 보트 탐사를 나갔다가 밤늦게 돌아오는 일이 가능했다. 중위도에서라면 캄캄한 밤에 배를 타고 바다에 머무는 것은 상상도 할 수 없는 일이다. 또 숙소에 돌아온 뒤에도 일을 계속할 수 있었다. 몸은 무겁고 눈이 감길 때도 많았지만 오늘 업로드하지 않으면 안 되는 수많은 영상이 있었다. 촬영기자들이 일하는 동안 나는 인터뷰를 번역하거나 취재 내용을 기록하고 다음 일정을 준비했다.

북극 취재 기간은 2주로 짧았지만 밤과 낮을 합치면 2배의 시간을 벌었다. 물론 내가 전혀 피곤을 느끼지 않는 로봇이었다면 더 좋았겠지만. 촬영기자들이 용량이 큰 영상을 외장하드에 옮기고 내가 프리뷰할 시간이 될 때쯤이면 이미 시곗바늘은 새벽을 가리키고 있었다. 하지만 오늘 일을 미루면 내일이 더 힘들 거라는 걸 잘 알기에 한순간도 나태해질 수 없었다.

어렸을 때 게임팩을 꽂아서 하는 게임보이가 한창 유행이었다. 가장 인기를 끈 게임은 '테트리스'와 '슈퍼마리오', '보글보글', '서커스' 등이었는데 나는 한때 '남극 탐험Antarctic Adventure'이라는 게임에

푹 빠져 살았다.

펭귄 한 마리가 얼음을 헤치며 물고기와 깃발을 먹고 무서운 바다표범과 웅덩이, 크레바스를 피해 목적지에 도착하는 게임이었다. 오스트레일리아, 프랑스, 뉴질랜드, 미국, 영국, 아르헨티나, 일본의 남극기지에 도착하면 깃발이 펄럭이는데 전체 10개의 스테이지 가운데 다섯 번째가 남극점이었다. 우리나라 남극 세종기지는 1988년 만들어졌지만 게임에는 나오지 않았다.

그땐 게임은 하루에 1시간만 하라고 잔소리하는 엄마 목소리가 들리지 않았다. 프랑스 작곡가 에밀 발퇴펠의 왈츠 〈스케이터Les Patineurs〉를 편곡한 중독성 강한 전자음에 휩싸인 나는 남극을 탐험하는 한 마리의 자유로운 펭귄이 됐다. 기지에 도착해서 깃발이 올라갈 때의 짜릿함은 다음 게임을 계속하겠다는 버튼을 끝없이 누르게 만드는 마약과도 같았다.

북극에 도착했을 때 나는 '북극 탐험'이라는 게임의 주인공이 된 기분이었다. 매일 다른 스테이지에 나가고 미션을 클리어했을 때 비로소 눈을 붙일 수 있었다. 조력자들 덕분에 바닥난 에너지와 아이템을 재충전하며 기사회생하기도 했다. 이 게임의 끝은 과연 어디일까? 북극 취재가 끝나면 게임은 해피엔딩으로 마무리되는 건가? 일단 무사히 돌아가서 9시 뉴스를 연속 보도하고 〈시사기획 창〉을 마무리한 뒤에야 나의 게임이 해피엔딩인지 가늠해 볼 수 있을 것 같았다.

2장

북극에서 마주한
우리의 미래

생애 첫 빙하를
만나기 직전!

스발바르에 도착하자마자 한 일은 빙하 탐사를 위한 보트 예약이었다. 롱이어비엔에는 관광객이나 연구자, 우리 같은 언론을 상대로 보트를 빌려주는 업체들이 많았다. 빙하 취재를 위해 우리에게 주어진 시간은 이틀뿐인데 하루는 딕슨 피오르에 가야 했다. 딕슨 피오르는 스발바르에서 가장 극적인 변화가 진행 중인 곳으로 이미 한국에 있을 때 취재하기로 확정했다. 따라서 나머지 하루를 되도록 효율적으로 활용해야 했다.

기온과 바람, 파고 등 기상 조건을 고려해 7월 16일과 17일로 D-day를 정했다. 첫날은 노르덴스키올드 빙하와 피라미덴, 두 번째 날은 딕슨 피오르와 발렌베르크 빙하를 취재하기로 했다. 가능한 한

극적인 현장을 영상으로 담는 동시에 오고 가는 동선이 잘 맞아야 했다.

노르덴스키욀드 빙하는 여름이 되면 가장 많이 녹아 사라지는 빙하로 꼽혔으며 주변에는 쇠락한 탄광촌인 피라미덴이 있었다. 딕슨 피오르 근처에 있는 발렌베르크 빙하는 2016년 환경단체 그린피스가 피아노 콘서트를 열기도 한 곳으로 2017년에는 미국의 과학저널 《사이언스Science》 표지에 등장할 정도로 급격한 변화가 진행 중이었다. 두 장소 모두 취재하기에 완벽했다.

소형 보트를 한 번 빌리는 데는 300만 원이 넘는 비용이 들었다. 보트를 모는 조종사와 안전요원이 동행해야 하기 때문인데 광활한 딕슨 피오르의 경우 최소 2명의 안전요원이 필요했다. 이들은 배에서 촬영을 도와주는 일뿐 아니라 야외 조사 때는 총을 들고 북극곰을 경계하는 역할도 해준다. 그래서 '폴라베어 와처Polarbear Watcher'라고 불렀다.

만약 하루 일정이 어긋나면 극성수기에 보트 예약을 다시 할 수 있을지도 의문이고 비용이 눈덩이처럼 불어날 거라는 걱정이 컸다. 말 그대로 한 번에 성공해야 하는 미션이었다. 다행히 이틀 모두 극지 탐사 경험이 많은 남승일 극지연구소 박사와 최경식 서울대 교수가 동행하기로 했다.

보트 탐사를 나가기 전날 밤 취재에 필요한 자료를 정리하고 촬영 장비를 점검하느라 잠을 설쳤다. 다음 날 아침 일찍 눈을 떴는데,

긴장되는 마음은 후배들도 마찬가지였을 것이다. 취재 장소를 정하고 인터뷰이를 섭외하는 등 준비 과정은 오롯이 내 몫이지만 일단 현장에 나가면 촬영기자들의 어깨가 무거워진다. 일반 촬영 장비뿐만 아니라 드론과 고프로 등 특수 장비도 챙겨야 하기 때문이다. 취재는 현장을 떠난 뒤에도 가능하지만 영상은 다시 담을 수 없다.

북극에 와서 도전하는 첫 현장인 만큼 모두의 마음은 단단한 결기로 가득 찼다. 새파란 하늘이 펼쳐진 아름다운 날씨였다. 사람의 마음이란 가벼운 깃털과 같아서 날씨만 좋아도 좋은 일이 생길 것 같은 예감에 설렌다. 아침을 간단히 먹고 7시에 보트 대여 업체로 출발했다.

일단 바다에 나가 싸우기 위해 완전무장을 했다. 위아래가 붙어 있는 빨간색 방수복을 입자 우주인이나 레이서가 된 기분이었다. 외

국 타이어 광고에 나오는 '미쉐린맨'처럼 보일 거란 얘기를 안전교육 받을 때 들었는데 실제로 그랬다. 아무리 날씨가 좋아도 바다에 나가면 바람이 체온을 떨어뜨리고, 물에 젖으면 동상에 걸릴 수 있다. 스발바르의 평균 수온은 약 3℃. 전복 사고가 나면 저체온증으로 15분이면 의식을 잃고 1시간 안에 사망할 수 있다. 안전을 위해서 보온에 최대한 신경 써야 했다. 아무리 기후가 온난해졌어도 북극은 북극이다. 신고 있던 신발 대신 장화로 갈아 신고 고글과 모자까지 착용한 뒤 보트는 출발했다.

　첫 번째 날은 예상하지 못한 행운이 함께했다. 내가 예약한 보트는 저렴한 조디악이었다. 영화 속 특수부대 대원이 집채만 한 파도를 가르며 용맹스럽게 타는 그 까만색 고무보트 말이다. 다행히 노는 젓지는 않아도 되었다. 그런데 출발하는 날 바다의 상황이 악화돼 고무보트로는 무리라고 판단한 업체에서 무료로 보트 업그레이드를 해줬다. 세상에는 비행기 좌석 업그레이드만 있는 게 아니었다. 누군가 한 번은 경험한다던 공항의 행운이 내게는 결코 따라주지 않았다. '내돈내산'이 삶의 신조가 된 것은 행운이 배제된 삶을 살아왔기 때문일지도 모른다. 기자협회 송년회나 체육대회의 경품 추첨 이벤트 같은 것 말이다.

　그런데 북극에서는 내게도 행운이 찾아왔다. 롱이어비엔 선착장에 도착했을 때 우리 눈앞에는 든든한 지붕과 실내 좌석을 갖춘 멋진 보트가 기다리고 있었다. 오랫동안 스발바르를 경험한 일행도 이런 일은 처음이라며 기뻐했다. 보트에서 물벼락을 맞지 않아도 된다니 크루즈선보다 더한 호사였다. 심지어 안전요원은 따뜻한 커피를 보온병에 담아 와 한 잔씩 따라주기까지 했다.

빨간 스포츠카처럼 생긴 날렵한 보트는 거센 물살을 헤치고 쉴 새 없이 달렸다. 이스 피오르에 위치한 노르덴스키올드 빙하까지는 생각보다 멀었다. 2시간이나 달려야 도착할 수 있는 거리였다. 하지만 지루하다고 느낄 겨를이 없었다. 눈앞에 펼쳐지는 생경한 풍경에서 눈을 뗄 수 없었기 때문이다. 이곳이 진짜 북극인가? 보트는 해빙이 사라진 바다를 레이싱하듯 질주했고 하얀 눈 대신 사막 같은 풍경이 우리를 기다리고 있었다.

촬영 기자들은 바삐 움직였다. 촬영 포인트마다 보트를 잠시 멈추고 영상을 찍었다. 나는 다양한 장소에서 인터뷰를 시도했다. 최경식 교수와 남승일 박사뿐만 아니라 스발바르에서 오랫동안 보트를 몰고 관광 가이드를 해온 현지인들의 목소리를 들을 수 있었다. 방송에는 일부만 편집돼 나갔지만, 이들의 목소리는 그 어디에서도 들을 수 없는 진실 그 자체였다.

아무리 여름이지만 북극이 너무 북극 같지 않은데요?

뒤에 보이는 섬이 '하프 아일랜드Half Island'로 불리는 섬입니다. 2016년에 제가 처음 스발바르에 왔을 때만 해도 전부 눈으로 덮여 있었어요. 남쪽으로 이어지는 가장 낮은 지점까지도…. 하지만 빙하가 점점 녹으면서 지금은 절반만 눈에 덮여있어 '하프 아일랜드'가 됐죠.

최근에 비슷한 일들이 반복되고 있어요. 지난해에는 빙하 앞부분에 아주 크고 검은 반점이 생겼어요. 여름이 되자 얼음이 갑자기 쪼개지기 시작했고 그 구멍이 점점 커졌죠. 처음 이곳에 왔을 때만 해도 산 정상을 향해 40~50m만 올라가면 빙하를 볼 수 있었는데 지금은 200m는 가야 빙하를 볼 수 있어요. 불과 6년 만에 나타난 변화죠. 빙하의 크기가 빠르게 줄어드는 대신 그 아래에 있던 바위가 드러나고 풍경이 바뀌고 있습니다. 지금 같은 여름에는 강물이 점점 불어나요. 그 말은 빙하가 많이 녹고 있다는 뜻이죠.

거칠게 솟아있는 빙하는 정말 멋집니다. 북극은 원래 높은 산과 거칠게 뻗어있는 빙하가 특징이었어요. 그런데 빙하가 후퇴하면서 점점 평평해지고, 빙하 속 깊게 난 틈인 크레바스도 녹고 있어요. 북극 본연의 모습이 사라지는 거죠. 10년 뒤에는 스발바르에서 맛보던 멋진 기분도 경험할 수 없게 될 겁니다.

기후변화의 속도는 무서울 정도입니다. 북극의 온난화는 다른 지역보다 2배나 빠르게 진행되고 있어요. 스발바르에서 일하는 동안 그 누구보다 체감하고 있습니다. 지금이 자연 그대로를 볼 수 있는 마지막 기회라고 생각합니다. 기후는 점점 더 악화되고 있으니까요.

북극의 변화로 일상이 어떻게 바뀌었나요?

부모님 세대만 해도 겨울에 스노모빌을 타고 이동했어요. 유일한 교통수단으로 200km 정도는 빙하 위를 쉬지 않고 움직일 수 있었죠. 그러나 지금은 빙하가 녹으면서 골짜기에 갇히기도 하고 더 이상 자유롭게 이동할 수 없게 됐습니다. 최근 이곳에서 목격되는 뚜렷한 변화 가운데 하나가 눈 대신 비가 많이 내린다는 점이에요. 날씨가 추운 2월과 3월에도 비가 잦아지면서 빙하의 붕괴를 가속화하고 있죠. 외부에 있을 때 비를 만나면 발이 묶일 수밖에 없어요. 1주일 가까이 집에 돌아가지 못할 때도 있죠. 가이드 일을 하는 데도 차질이 생기고요.

북극에 비가 잦아지고 빙하가 빠르게 녹으면서 봄과 여름의 유량도 증가하고 있습니다. 롱이어비엔의 하천을 자세히 보면 물살을 늦추기 위한 벽이 설치돼 있어요. 눈사태도 큰 문제죠. 2015년과 2017년에 이례적인 눈사태로 주민 2명이 사망하고 주택이 파손됐어요. 당시 사고 현장에 있었는데 집들이 20m 정도 밀려나거나 기울어지는 등 직격탄을 맞았죠. 지난 100년 동안 한 번도 경험한 적 없었던 위협적인 눈사태가 찾아온 거예요. 사고가 있고 나서 산 중턱마다 눈사태 방지 펜스를 설치했죠.

산이 있으니 당연히 눈사태가 날 가능성이 있다는 사실은 알고 있었어요. 하지만 지금은 우리가 알아차리지 못하는 사이 북극에서 어떤 거대한 변화가 진행되고 있어요. 기온이 상승하고 바람의 방향이 바뀌고 눈이 쌓이는 각도가 변하고 있습니다. 체감하기 힘든 사소한 변화, 예를 들면 어느 시기 바람이 동쪽에서 불어왔는데 갑자기 남쪽에서 불어온다거나 하는 현상이 눈사태 같은 예기치 못한 결과를 불러올 수 있죠.

북극곰이 멸종 위기에 처했다는 뉴스를 많이 봤는데 실제로 어떤가요?

요즘은 북극곰이 마을에 내려오면 경찰이 조용히 쫓아 보내요. 강하게 저지하면 북극곰이 열사병에 걸릴 수 있거든요. 최근 여름철에는 낮 기온이 20℃ 가까이 오르고 있어요. 북극곰에게는 너무 더운 날씨죠. 북극곰이 먹이를 사냥하는 대신 차가운 바위에 누워있는 시간이 늘고 있어요. 항상 먹이가 필요한 북극 최대의 포식자에게 최대의 위기가 닥친 거예요.

영리한 포식자들은 결국 생존을 위해 식단을 바꿨습니다. 순록을 사냥하기 시작한 거예요. 지난 4월 그 장면을 직접 목격했죠. 관광객들과 함께 있을 때였어요. 북극곰이 사냥한 순록 위에 올라타 있더군요. 가까운 거리에서 벌어진 일이라 놀랄 수밖에 없었습니다.

안전이 최우선이었기 때문에 사진을 찍지는 못했지만 처음 보는 광경이었어요. 해빙이 사라지면서 북극곰이 물개를 사냥하는 일은 어려워졌고, 반대로 따뜻해진 날씨에 순록의 개체수는 늘었죠. 북극곰은 살길을 찾아 새로운 환경에 적응하고 있는 거예요.

과거에는 스발바르의 여름철 기온이 평균 영상 9~10℃였어요. 보통의 여름 날씨죠. 지금은 14~15℃까지 오르고 해마다 기온도 들쭉날쭉합니다. 2020년은 가장 더운 여름이었던 반면 2021년 여름은 평년 수준을 조금 밑돌았어요. 올해는 봄부터 기록적으로 따뜻한 날씨가 이어졌고 해빙이 일찍 녹았어요. 해마다 기온이 올라갔다 내려갔다 하지만 평균적으로 기온이 상승하고 있다는 사실을 이제는 알고 있지요. 짧은 시간의 변화를 우리가 체감하는 것만으로는 부족하고 긴 시간의 변화를 과학자들이 연구해야 합니다.

인터뷰 >>> 크리스티안 호벨사스 〔안전요원, 가이드〕

바다에 원래 이렇게 해빙이 없나요?

그렇지 않습니다. 저 앞에 보이는 곳이 바로 피라미덴이에요. 구소련의 정착민들이 살던 아주 큰 탄광 지역이었는데 석탄이 고갈되면서 1998년에 모두 문을 닫았죠. 지금은 아무도 살지 않는 유령도시고요. 과거에는 바다를 뒤덮은 해빙 때문에 석탄을 옮길 수 있는 기간이 1년에 채 몇 달 되지 않았습니다. 그러나 지금은 상황이 완전히 달라졌죠. 해빙이 더 이상 없기 때문에 6월에도 보트를 타고 피라미덴에 들어갈 수 있어요. 해마다 조금씩 다르긴 하지만 과거에는 피라미덴에 가려면 한여름인 8월까지 인내심을 가지고 기다려야 했습니다.

불과 20~30년 사이에 너무나 큰 변화가 생겼습니다. 롱이어비엔에 사는 사람들은 최근 들어 해빙을 많이 보지 못했어요. 예전에는 차를 타고 해빙 위를 건너기도 했다고 하지만 저는 그런 경험을 평생 못 할 겁니다. 어쩌면 10년 안에 북극의 해빙이 모두 사라질 수도 있어요.

따뜻해지면 더 많은 관광객이 오지 않을까요?

우리는 1년 내내 관광 프로그램을 운영합니다. 겨울에는 해빙을 구경하고 스노모빌을 이용해 어디든 갈 수 있어요. 하지만 기온이 올라 빙하가 녹고 북극곰이나 물개, 고래와 같은 야생동물이 사라지면 관광객들이 올 이유가 없죠. 물론 보트를 타고 둘러볼 수는 있겠지만, 해빙이 사라지면 해빙에서 먹이를 구하던 물개와 그 주변에 몰려들던 북극곰도 사라질 겁니다.

기후위기는 매우 큰 문제입니다. 우리가 좋아하는 북극곰이 사라지고 관광 가이드라는 직업도 사라지겠죠. 최근 변화무쌍한 날씨와 빙하 상황 때문에 투어가 취소되는 일도 늘고 있습니다. 눈 위를 달리는 스노모빌과 개썰매가 자취를 감출 날도 머지않았어요.

전 세계에서 가장 빠르게 기온이 상승하는 곳이 바로 스발바르예요. 그래서 더욱 주목해야 합니다. 바다에선 해빙이 사라지고 산 정상과 골짜기에선 눈이 실종됐어요. 올해도 봄이 빨리 오면서 모든 얼음이 이례적으로 빠르게 녹아버렸어요.

기온이 오르면서 영구동토층도 영향을 받고 있습니다. 땅 밑에서 얼었다 녹았다 하는 활성층이 점점 깊어지고, 많은 건물이 내려앉거나 쓰러지고 있어요. 롱이어비엔의 탄광 7호도 그 가운데 하나죠. 2년 전 고온 현상으로 많은 눈이 녹았고, 발전소 내부에 물이 차올라 결국 폐쇄됐어요. 매년 비슷한 일이 반복되고 있습니다. 올해도 탄광 내부에서 물이 넘쳤죠.

저는 과학자가 아닙니다. 그저 스발바르에 살면서 달라진 일상을 증언할 뿐이에요. 우리 가족은 25년 정도 이곳에 살았어요. 북극의 변화는 전 세계에 영향을 줄 겁니다. 한국도 예외는 아닐 거라고 생각해요. 모두가 기후위기에 관심을 가져야 합니다.

빙하 녹은 물은
무슨 색일까?

내 생애 최초의 빙하는 노르덴스키올드 빙하다. 노르덴스키올드 빙하는 새벽부터 분주하게 준비하느라 긴장과 설렘, 피곤으로 뒤범벅된 나 자신을 한순간에 잊게 만들었다. 거대한 빙하가 시야에 들어오자 아무것도 생각나지 않았다. 아무것도 생각할 수 없었다.

그저 저 멀리 눈부신 거대한 얼음 장벽이 내 안으로 들어왔다. 파란색, 푸른색, 청록색, 하늘색, 에메랄드색, 사파이어색…? 인간 세상의 그 어떤 단어로도 완벽하게 설명해 낼 수 없는 자연 그대로의 장엄함이 나를 마주하고 있었다. 빙하가 마치 나에게 오래된 이야기를 건네는 듯했다.

우리는 고무보트로 갈아타고 빙하에 더 가까이 접근해 보기로 했다. 안전요원인 크리스티안이 보트 옆에 매달려 있던 작은 구명보트를 바다에 내리고 엔진을 켰다. 우리 3명이 타자 배가 출렁거렸다. 빙하에 다가가고 싶은 욕심은 컸지만 위험할 수 있다는 생각이 들었다. 우리나라에서 입었던 구명조끼와 달리 목에 걸고 줄을 당기는 얄팍한 구명조끼도 의심스러웠다. 물에 빠지면 어떡하지? 물이 얼마나 차가울까? 복잡한 생각에 정신이 아찔해졌다. 우리는 서로의 허리를 붙잡아 주며 중심을 잡았고 혼신의 힘을 다해 촬영했다.

노르덴스키욜드 빙하의 전체적인 모습을 스케치한 뒤에는 대망의 드론을 띄웠다. 지금 이 순간을 위해 무거운 드론 가방을 여기까지 들고 온 것 아닌가. 고생한 보람을 느끼며 눈물 날 것 같은 순간도 잠시, 빙하에 되도록 가까이 다가가면서도 충돌하지 않도록 거리를 유지하는 일이 중요했다. 드론을 놓쳐서 잃어버리기라도 하면 모든 것이 헛수고가 되기 때문에 모두 초조한 얼굴로 집중했다.

예전에 서해에서 배를 타고 드론 촬영을 하던 중 강풍에 휩쓸려 갑자기 드론이 사라진 적이 있었다. 소형 드론은 도심에서도 날씨가 좋지 않으면 잃어버리는 일이 많다. 눈앞이 캄캄했다. '죽었다!' 지금까지 쏟은 노력이 모두 물거품이 되는 기분이었다. 그러나 회사에서 드론 장인으로 불리던 촬영기자 선배와 선장님의 기적적인 호흡으로 드론을 되찾고 말았다. '살았다!' 방송기자는 매 순간 '일희일비' 하며 살아간다. 그래서 평균수명이 짧은가.

방송에서는 '그림'이 무엇보다 중요한데, 그림은 내 힘으로 불가

능한 경우가 많다. 북극에서도 마찬가지였다. 촬영기자와의 호흡이 중요하기 때문에 어떤 영상을 어떤 분위기로 촬영할지 끊임없이 소통했다. 안 그랬다간 나중에 회사에 돌아가서 편집 직전에 영상을 보며 한숨을 쉴 수밖에 없다. 다행히 나는 훌륭한 후배들과 함께였다. 인터뷰 한 꼭지를 하더라도 구도를 상의하고, 현장에서 하는 온마이크 역시 다양한 시도를 할 수 있었다.

온마이크는 '마이크를 켜다'라는 뜻이다. 뉴스에서 기자가 마이크를 잡고 등장하는 장면을 떠올리면 된다. 정치부 기자들은 국회의사당이나 청와대를 배경으로 점잖게, 사회부 기자들은 거친 현장에서 주로 온마이크를 잡는다. 그렇다면 기상전문기자는? 세찬 비바람을 맞거나 이글대는 태양 아래서, 가끔은 코스모스가 하늘대는 공원이나 기상청 백엽상(기상관측용 설비가 설치된 작은 집 모양 나무 상자를 말한다)을 배경으로 우아하게 등장한다.

과학 취재를 할 때는 실험실에서 연구원 복장을 한 채 마우스를 들어 올리기도 하고 전기자동차를 직접 몰면서 운전 실력을 과시하기도 했다. 이럴 때의 단골 멘트는 "직접 실험해 보겠습니다"다. 실험맨이 되길 자처한 건데, 이공계 출신이라서인지 실험이라는 단어는 내게 편안한 느낌을 준다. 나로우주센터에서는 실물 크기의 나로호 모형 앞에서, 남아메리카 기아나우주센터에선 천리안2A 위성을 싣고 이송되는 아리안 로켓을 배경으로 온마이크를 잡았다.

온마이크는 기자가 현장에 있었다는 걸 보여주는 '인증샷'이다.

현장에 가지 않은 기자는 온마이크 없이 자료 영상만으로 '죽은' 리포트를 제작할 수밖에 없다. 10초짜리 온마이크라도 어떤 장소에서 어떤 멘트를 할지 수없이 고민해야 하기에 결코 쉬운 일이 아니다.

드론 촬영을 하는 동안 빙하의 숨겨진 이면을 카메라의 모니터를 통해 확인했다. 드론이 발명되지 않았더라면 방송 뉴스와 다큐멘터리가 어떻게 그 많은 분량을 채울 수 있었을까. 하늘에서 바라본 영상은 놀라웠다. 빙하의 꼭대기에 날카로운 칼로 새겨놓은 것 같은 수많은 균열이 보였다. 산 정상에서 엄청난 압력을 받으며 바다로 밀려 내려온 것을 짐작할 수 있었다. 빙하의 윗부분에서 쏟아지는 물줄기는 제주도에서 본 정방폭포보다 거셌다. 빙하에서 생각하지도 못한 폭포 구경이라니.

빙하가 바다와 맞닿은 곳에는 거뭇거뭇한 기반암이 모습을 드러내고 있었다. 바닷물은 온통 흙탕물이었다. 푸른빛의 맑고 투명한 빙하와 대조적이었다. 갑자기 빙하 녹은 물로 만든다는 외국의 생수 브랜드가 떠올랐다. 빙하가 푸른색으로 보이는 이유는 파장이 긴 붉은빛은 흡수하고 파장이 짧은 푸른색을 산란시키기 때문이다. 자연의 선택이지만 정말 칭찬하고 싶다. 새빨간 빙하는 상상하기도 싫으니까. 빛이 통과하는 거리가 길어질수록, 그러니까 아주 오래되고 거대한 빙하일수록 더 푸른색으로 보인다.

그러나 역설적으로 빙하 주변 바다는 온통 시뻘건 흙빛이었다. 산 정상의 빙하가 후퇴하면서 쓸고 온 흙과 모래 때문이다. 콸콸 솟구치는 흙탕물 주변에는 엄청난 양의 자갈과 모래가 쌓여 언덕을 이루고 있었다. 아주 오랜 시간이 흐르면 섬이 하나 생겨날지도 모른다. 빙하가 녹으면서 해안가의 지형을 통째로 바꾸고 있는 것이다.

내 생애 잊지 못할 첫 번째 빙하를 만나고 피라미덴까지 촬영한 뒤 숙소로 돌아오는 배에 몸을 실었다. 유난히 화창한 날씨에 하늘은 뭉게구름으로 가득했다. 북극의 백야는 우리에게 기적이었다. 새벽 7시에 나가서 저녁 8시에 돌아오는데도 날이 어두워지지 않고 그저 한결같이 환하다니.

몸은 피곤하다고 아우성인데 잠을 자면 안 될 것 같은 분위기였다. 다음 날에는 딕슨 피오르와 발렌베르크 빙하 취재가 연이어 잡혀 있었다. 오늘보다 더 힘든 일정이다. 숙소에 돌아와 허겁지겁 저녁을 먹고 취재한 내용을 정리했다. 시간은 새벽으로 달려갔고 눈을 감는 순간 밤의 세계로 온몸이 무겁게 가라앉았다.

되돌릴 수 없는 미래

'폭주 기관차'로 변한
발렌베르크 빙하

두 번째 보트 탐사의 날이 찾아왔다. 해는 여전히 지평선 위를 맴돌았지만 오늘 하늘은 온통 우울한 회색빛이었다. 어제와 같은 기적은 일어나지 않았다. 선착장에 도착하자 원래 예약한 바로 그 고무보트가 정직하게 대기하고 있었다. 첫 번째 탐사와 달라진 점은 서울대학교 해양퇴적학 연구실 대학원생 3명이 동행한다는 것이었다. 최경식 교수의 제자들이었다. 궂은 날씨 속에 고무보트를 타는 일이 얼마나 고역인지 북극이 처음인 우리에게 찐 경험담을 들려줬다. 어제가 관광객 모드였다면 오늘은 베테랑 연구자들과 함께 진짜 북극 탐사에 나서겠구나 하는 긴장과 두근거림이 몰려왔다.

덕슨 피오르에서 일정을 마치고 돌아오는 길 우리는 발렌베르크 빙하로 향했다. 시간은 늦은 오후로 향해가고 우리는 매우 지쳐있었다. 어제와 달리 오늘 보트는 한마디로 승차감 최악이었다. 우리 일행 8명에, 안전요원 2명, 보트 조종사 1명 등 모두 11명이 탔는데 보트가 수면을 스칠 때마다 충격으로 몸이 공중에 튀어 올랐다. 충격을 완화해 주는 서스펜션이 전혀 없는 '깡통차'를 타고 달리는 느낌? 온몸에 충격이 고스란히 전해졌다. 말 타는 자세로 딱딱한 의자에 앉아 보트가 점프할 때마다 손잡이를 움켜쥐어야 했다.

바람은 어찌나 센지, 내 앞자리에 앉은 대학원생이 고개를 숙일 때마다 사나운 바람이 나에게 쏟아졌다. 어쩐지… 보트 제일 앞자리를 서로 양보한 이유가 있었구나. 보트가 점프할 때마다 물도 사정없이 튀었다. 이런 게 진짜 야생이구나. 어제의 내가 너무 순진했다는 생각이 들었다. 추위와 배고픔에 눈이 서서히 감겼다. 졸음 때문에 손잡이를 잡은 손이 느슨해지면서 몸이 밖으로 떨어질 뻔하는 상황이 반복됐다.

북극에 오기 전에 후배들과 함께 가입한 여행자 보험 생각이 났다. 사망하면 1억 원을 주던가? 좀 더 금액이 높은 걸로 가입할 걸 그랬나. 스발바르는 노르웨이령이긴 하지만 우리가 알던 북유럽이 아니라 말 그대로 오지였다. 브라질의 아마존이나 아프리카 취재를 간다고 각오하고 좀 더 철저하게 준비했어야 했는데. 너무 만만하게 생각했을까.

따뜻한 아랫목에서 이불 덮고 자고 싶다는 꿈을 되돌이표처럼 꾸는 사이 우리는 발렌베르크 빙하에 도착했다. 2016년 6월 17일 그린피스의 피아노 콘서트로 이미 유명해진 곳이었다. 이탈리아의 피아니스트인 루도비코 에이나우디는 이곳에서 자신이 작곡한 〈북극을 위한 비가Elegy for the Arctic〉를 연주했다.

거대한 장벽처럼 펼쳐진 푸른 빙하를 배경으로 연주하는 모습은 처절하게 아름다우면서도 곡의 제목처럼 슬프다. 북극 빙하를 떠나보낼 날이 얼마 남지 않아서일까. 실제로 콘서트 도중에 발렌베르크 빙하의 빙벽은 우르르 쾅쾅 소리와 함께 무너져 내린다. 북극을 지켜달라는 진심이 담겨있어서일까, 3분 남짓의 짧은 연주 동영상은 지금까지 유튜브에서 2,000만 회에 가까운 조회수를 기록하고 있다. 내 다큐멘터리에도 영상의 일부가 들어있긴 하지만 전체 영상을 검

색해서 보는 것을 추천한다. 그린피스가 발렌베르크 빙하를 콘서트 장소로 선택한 데에는 이유가 있었다. 이곳의 빙하가 기후위기의 상징적인 장소이기 때문이다. 만약 내가 장소를 섭외했어도 같은 선택을 했을 것이다.

발렌베르크 빙하는 빙벽의 길이가 26km에 달할 만큼 거대하지만 하루 최대 9m라는 놀라운 속도로 후퇴했다. 여기서 후퇴했다는 말은, 산 정상을 덮고 있던 빙하가 녹으면서 아래로 밀려 내려왔다는 의미다. 보통의 빙하가 눈에 잘 보이지 않을 정도인 센티미터 단위로 느리게 움직이는 것과 비교하면 놀라운 속도다. 2017년 과학 저널《사이언스》는 발렌베르크 빙하를 '폭주 기관차'에 비유했다.

그린피스의 영상과《사이언스》표지에 실린 사진만 봐도 발렌베르크 빙하의 규모를 대충 짐작할 수 있다. 그러나 보트를 타고 가까이 다가서자 끝없이 펼쳐진 빙벽의 위용을 고스란히 느낄 수 있었다. 노르덴스키올드 빙하가 아기자기한 동네 상영관이라면 이곳은 말 그대로 거대한 아이맥스 극장 같았다.

노르덴스키올드 빙하의 경우 빙하 주변에 떠있는 얼음, 즉 유빙을 거의 목격할 수 없었다. 그러나 발렌베르크 빙하로 접근하는 길은 유빙으로 가득했다. 차가운 물속에 손을 쭉 뻗기만 하면 건질 수 있을 것 같았다. 우리의 생각을 읽었는지 안전요원이 뜰채로 얼음을 건져줬다. 트로피처럼 눈부시게 반짝이는 유빙을 가슴에 안아보기도 하고 관찰하는 사이 촬영기자들은 신속하게 촬영을 진행했다.

육지에 쌓인 눈이 단단하게 굳어져 만들어진 빙하가 바다로 떨어져 나오면 유빙이 된다. 유빙을 자세히 보면, 눈이 쌓일 때 함께 포함된 공기 방울과 흙, 모래를 발견할 수 있다. 바다 얼음인 해빙은 바닷물에서 염분을 뺀 물만 얼어서 생기기 때문에 유빙보다 불순물이 적다.

넘실대는 유빙들 사이에서 촬영기자들은 마지막 숙제를 하느라 여념이 없었다. 여기서 퀴즈, 어제와 오늘 이틀간의 빙하 취재에서 촬영기자들이 가장 찍고 싶어 했던 영상은 무엇이었을까? 바로 빙하가 무너지는 장면이다. 해외 다큐멘터리를 봐도, 유튜브 영상을 봐도, 빙하는 늘 무너지고 있다. 빙하는 늘 위태롭고, 카메라를 들이대면 기다렸다는 듯 무너져 내린다. 아니, 무너져 내려야 한다. 그래야 보는 사람에게 깊은 충격과 여운을 남긴다. 그린피스의 피아노 콘서트도 마찬가지였다.

어느 부분이 가장 무너지기 쉬워 보이는지 일행의 조언을 받아 카메라를 고정해 놓고 일명 뻗치기에 돌입했다('뻗치기'란 무작정 기다리는 상황을 뜻하는 방송기자 용어다). 촬영기자는 2명, 카메라도 2대였다. 무너질 듯 무너지지 않으며 애를 태우는 빙하. 아주 작은 몇 번의 진동과 추락은 있었지만, 모두가 알아볼 만큼 큰 변화는 일어나지 않았다. 회사 데이터베이스에 빙하가 무너지는 자료 영상이 엄청나게 많지만 북극에 직접 온 이상 우리가 찍지 않은 영상은 가급적 쓰지 않는 게 원칙이다. 보트를 대여한 시간이 정해져 있기 때문에 무작정 빙하 무너지기를 기다릴 수도 없는 노릇이었다.

결국 우리는 마음을 접어야 했다. 안전요원의 말에 따르면 어제 날씨가 따뜻해서 빙벽이 많이 무너진 것 같다고 했다. 그래서 이렇게 유빙이 많은 거라고. 무너지는 빙벽 대신 유빙 구경만 실컷 하고 돌아가려는데 바다에서 공기 방울 터지는 소리가 톡톡 하고 들렸다. 고요한 바다에는 우리밖에 없었고 멈춰버린 시간과 공간은 유빙의 음성으로 가득 찼다. 신비한 순간이었다.

빙하 무너지는 장면은 못 봤지만 실제로 무너졌다면 엄청난 쓰나미가 일었을 것이다. '보트가 뒤집히면 어떡해. 안전이 최고지. 빙하 대신 유빙을 봤으니 된 거지.' 복잡한 내면의 목소리를 뒤로하고 보트는 시원하게 항구로 내달렸다. 마지막이라고 생각하니 보트의 불편한 승차감도 애교로 봐

줄 수 있었다. 그날 우리의 가방에는 유빙 덩어리 하나가 지퍼락에 쌓인 채 들어있었다. 첫 빙하 탐사를 무사히 마친 기념으로 집에 가져가라고 일행이 넣어준 것이었다.

그러고 보니 극지 다큐멘터리에서 빙하 넣은 위

스키를 마시는 것을 본 기억이 났다. 다행히 우리 숙소에는 호스트가 환영의 의미로 놓아둔 스파클링 와인이 한 병 있었다. 그날 밤 고단했던 빙하 탐사를 마감하며 우리는 빙하 조각을 술잔에 띄우고 건배를 했다. 입안에서 공기 방울 터지는 소리가 울려 퍼지는 것 같았다. 황송하게도 수천 년의 세월을 목으로 넘기며 영겁과 찰나에 대해 잠시 고민한 뒤 신속하게 잠에 빠졌다.

같은 얼음이라도
이름은 제각각

빙하, 해빙, 빙붕, 빙상, 빙산, 유빙…. 보기엔 똑같은 얼음인데 부르는 이름은 이렇게나 많다. 기상전문기자인 나도 헷갈릴 정도인데 대중은 오죽할까. 언론 보도를 유심히 보면 기자들 역시 혼동할 때가 많은데 특히 빙하와 해빙을 뒤섞어 사용하는 경우가 가장 흔하다. 북극 다큐멘터리를 만들면서, 시청자들이 적어도 내 프로그램을 본 뒤에는 빙하와 해빙을 구분할 수 있기를 바랐다. 그 목표를 이뤘을까? 아마 여러분은 답을 알고 있을 것이다. 이 책을 읽은 뒤라도 늦지 않다.

빙하는 아주 오래전에 내린 눈이 녹지 않고 단단하게 굳어져 얼음층으로 변한 것이다. 우리나라에선 겨울에 아무리 많은 눈이 내렸어도 봄 햇살이 살랑살랑 비치면 그새를 못 참고 모두 녹아버린다. 그래서 "눈 녹듯 사라진다"라는 말이 생긴 게 아닐까?

눈이 사계절 녹지 않고 쌓여있다가 다져져서 빙하로 변하려면 둘 중 하나의 조건을 만족해야 한다. 위도가 높은 극지역이거나, 고도가 높은 고산지대거나. 실제로 지구에 존재하는 빙하는 남극과 그린란드에 대부분 분포하고 나머지 2.5% 정도가 알래스카, 그리고 히말라야와 안데스, 알프스 같은 높은 산지에 있다.

해마다 일정하게 녹았다 얼었다 반복하면서 고산지대 주민에게 생명줄 역할을 한 빙하. 그런데 히말라야에선 빙하가 사라지면서 중국과 인도, 네팔, 파키스탄, 미얀마 등 주변 지역 주민 2억4,000만 명이 마실 물조차 없는 상황에 맞닥뜨렸다. 빙하가 급격하게 붕괴하면서 돌발적인 홍수와 산사태라는 예기치 못한 재난도 불러오고 있다.

빙하는 인간의 생존에 절대적인 담수를 품고 있다는 점에서 무엇과도 바꿀 수 없다. 푸른 별 지구는 언뜻 물의 행성으로 보이지만 해수가 97.6%이고 담수는 2.4%에 불과하다. 담수 하면 지표에 흐르는 강이나 호수, 땅 밑의 지하수를 떠올리지만 75%는 빙하의 형태로 존재한다.

빙하는 한자리에 머물러 있는 것이 아니라 중력에 의해 강처럼 아래로 흘러내린다. 그래서 '빙하氷河'의 한자에 '강', '흐르다'를 뜻하는 '하河'가 붙어있는 것이다. 그런데 육지 빙하 가운데서도 거의 움직이지 않는 빙하가 있다. 그 주인공은 바로 빙상氷床이다.

빙상은 땅을 넓게 덮고 있는 얼음덩어리로, 남극과 그린란드에 펼쳐져 있는 광활한 얼음 평원을 떠올리면 된다. 얼음으로 만들어진 '평상'이랄까? 그런데 평상의 면적이 보통 넓은 게 아니다. 빙상이라고 부를 수 있는 기준이 최소 5만km²니까 한반도 면적의 4분의 1에 해당한다. 두께도 만만치 않다. 남극 대륙 빙상의 평균 두께는 2.4km이며 최대 5km에 이른다. 높이로 보면 최소 백두산급(2,744m)이라고 볼 수 있다.

몸집이 거대한 빙상은 호위무사를 거느리고 있다. 빙상이 바다로 길게 이어지는 부분을 빙붕氷棚이라고 부르는데 육지의 빙상을 보호해 주는 역할을 한다. 빙상이 바다로 흘러내리는 것을 막아주는데, 바닷물이 따뜻해지거나 높은 파도가 치면 빙붕이 녹거나 부서지는

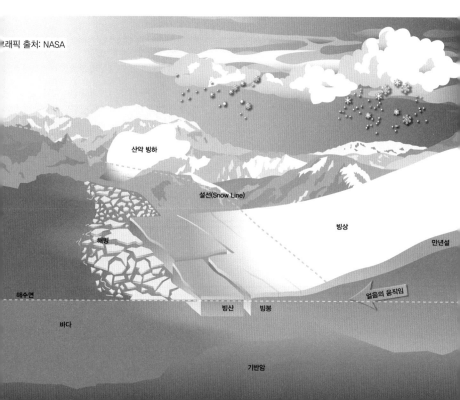

그래픽 출처: NASA

산악 빙하

설선(Snow Line)

빙상

만년설

해빙

해수면

얼음의 움직임

빙산   빙붕

바다

기반암

일은 있어도 '몸통'인 빙상은 지킬 수 있다.

그러나 최근 들어선 그 공식도 통하지 않는다. 남극의 빙붕이 가장자리에서부터 서서히 무너져 내리고 있기 때문이다. 라센 빙붕을 비롯해 해안과 접해있는 곳곳에서 위태로운 장면이 목격되거나 진행 중이다. 남극이 뜨거워지면서 눈과 얼음이 많이 녹고 그 물이 빙붕에 스며들어 균열을 만들고 붕괴를 가속화하는 것이다. 여기에 남극의 바닷물까지 데워지며 빙붕의 아랫부분을 공격해 흐물흐물하게 녹인다.

'빙산의 일각'이라는 말을 아마 들어봤을 것이다. 빙붕에서 떨어져 나와 바다에 둥둥 떠다니는 것이 바로 빙산이다. 해수면 위로 5m 이상 솟아있으면 빙산이라 부르고 이보다 작으면 유빙으로 분류

남극 라센C 빙붕의 균열(출처: NASA).

한다.

　남극의 빙붕이 사라지면 육지에 잠자고 있던 빙상의 운명도 장담할 수 없다. 지구의 담수를 대부분 품고 있는 빙붕과 빙상, 그러니까 빙하가 녹으면 우리의 미래도 물속으로 가라앉게 된다. 빙하 녹은 물이 해수면을 끌어 올릴 뿐만 아니라 뜨거워진 바닷물이 열팽창을 일으켜 해수면 상승을 더욱 부채질한다.

　남극의 빙하가 모두 녹으면 전 세계 해수면이 50m 이상 높아질 수 있다는 연구 결과가 나왔다. 이런 조건에서 우리나라 해수면은 1.75m까지 높아질 전망이다. 대한민국 남성의 평균 키만큼 해수면이 높아진다는 뜻이다. 어디로 대피해도 비슷할 테니 그저 집에 있는 편이 나을지 모른다. 생존을 위해 잠수를 배워야 할까.

2023년에 나온 IPCC(기후변화에 관한 정부 간 협의체) 6차 종합 보고서에 따르면 전 지구 평균 해수면 상승률은 1901~1971년에 매년 1.3mm였다. 1971~2006년에는 1.9mm로 증가했고 2006~2018년에는 3.7mm로 2배나 뛰었다. 전 세계 최대 36억 명의 인구가 해안 지역에 살고 있기 때문에 앞으로 해수면 상승에 의한 취약성은 더 커질 것이다.

우리나라만 봐도 부산이나 강릉 같은 아름다운 해안가에는 어김없이 고층 건물이나 호텔, 리조트가 들어선다. 태풍이 북상할 때마다 비바람과 홍수, 해일 피해에 긴장해야 하지만 '오션뷰'에 대한 인간의 욕망은 쉽게 저버릴 수 없다.

* *

지구는 2만6,500년에서 1만9,000년 전 사이에 마지막 최대 빙하기를 겪었다. 이때는 거대한 빙하가 북아메리카와 유럽의 절반을 덮고 있었다. 20~30만 년 전에 출현한 현생인류의 조상인 호모사피엔스는 이례적으로 추운 시기를 보내야 했다. 빙하기가 끝나고 지금의 간빙기에 접어든 것은 1만2,000년 전이다.

빙하는 빙하기의 추억을 간직한 길고 긴 역사의 증인이다. 지금까지 발견된 가장 오래된 빙하는 무려 100만 년 전에 남극에서 만들어졌다. 그린란드 빙하는 10만 년 전, 알래스카는 3만 년 전으로 거슬러 올라간다.

빙하에는 과거 눈이 내리면서 섞여 들어간 공기와 먼지, 꽃가루 등이 포함돼 있다. 이러한 흔적들은 날씨가 따뜻했는지, 화산 폭발이 있었는지, 비가 많이 내렸는지 같은 소중한 정보를 담고 있다. 과학자들은 남극과 그린란드에서 오래된 빙하를 시추해 과거의 기후를 복원하려고 노력한다. 이러한 작업을 '아이스 코어링ice coring'이라고 한다. 코어링을 하는 대상은 좀 더 정확하게 말해 '빙상'이다.

아이스 코어가 깊을수록 오래전의 단서를 담고 있기 때문에 더 깊이 뚫고 들어가려는 경쟁도 활발하다. 현재 남극 대륙에선 150만 년 전의 빙상을 시추하는 작업이 진행 중이다. 과거 빙하기와 간빙기의 주기가 지금으로부터 100만 년 전을 기점으로 변화한 것으로 추정되므로 이에 대한 증거를 담은 더 오래된 타임캡슐이 필요하다. 남극 대륙에 장보고기지를 운영하고 있는 우리나라도 아이스 코어링에 참여하고 있다.

사라지는 북극 해빙,
고장 난 지구의 심장

눈이 굳어진 빙하와 달리 해빙海氷, sea ice은 바닷물이 얼어서 만들어진 얼음이다. 계절에 따라 얼었다 녹았다 하면서 기껏해야 수년간의 생명력을 지속한다. 1년짜리 얇고 연약한 단년생 해빙과 2년 넘게 얼어있는 다년생 해빙으로 분류한다.

극 지역에만 해빙이 존재하는 것은 아니다. 강추위가 계속될 때 북한 남포항에서 신의주에 이르는 서한만에서도 해빙이 포착된다. 바닷물은 소금이라는 불순물이 섞여있으므로 보통의 물보다 낮은 영하 2℃에서 얼기 시작한다. '어는점내림'이라는 현상 때문이다. 바닷물에서 소금을 쏙 빼고 물만 얼기 때문에 해빙도 그냥 순수한 얼음이다. 빙하와 해빙 모두 먹어보면 둘 다 맹물 맛일 것이다. 그래도

북극 해빙(출처: NASA).

왠지 해빙은 짠맛이 날 것만 같다.

해수면 상승과 직결되는 빙하와 달리 해빙은 해수면에 영향을 주지 않는다. 원래부터 바닷물이었기 때문이다. 마치 물잔에 넣은 얼음이 녹아도 물이 넘치지 않는 것처럼 해빙은 바닷물과 팽팽한 균형을 유지한다. 세찬 추위가 오래 이어질수록 튼튼한 다년생 해빙이 늘어나는데 그 두께가 20m를 넘나든다. 북극곰이나 물범은 다년생 해빙을 안식처 삼아 먹이를 구하고 새끼를 돌본다.

바다를 가득 뒤덮은 해빙은 오랫동안 북극을 접근하기 힘든 미지의 세계로 만들었다. 거친 얼음을 부수고 나아갈 수 있는 쇄빙선이 개발되기 전까지는 북극 항로를 개척하기 위해 수많은 목숨이 산산이 부서졌다. 북극은 대륙인 남극과 달리 육지로 둘러싸인 바다다.

따라서 북극의 정체성은 사실상 해빙에 있다.

북극의 해빙은 여름의 열기가 남아있는 9월 중순이 되면 최대로 녹아 사라진다. 바다는 육지보다 천천히 더워지기 때문에 육지의 폭염이 꺾일 때쯤 가장 뜨겁다. 해마다 이맘때가 되면 전 세계는 북극의 해빙이 얼마나 많이 사라졌는지 촉각을 곤두세우곤 한다.

그러나 북극의 해빙이 사상 최대로 녹았다는 뉴스는 더 이상 사람들을 놀라게 하지 못한다. 그 정도로 흔한 뉴스가 돼버렸다는 뜻이다. 북극을 둘러싼 육지가 이례적으로 뜨거워지면서 얼어붙은 바다에 잠들어 있던 해빙을 녹여버리고 있다.

2012년 9월에는 해빙 면적이 339만km²까지 줄었다. 1979년 위성 관측을 시작한 이후 가장 많은 얼음이 사라진 것이다. 2020년은 382만km²로 역대 두 번째를 기록했다. 그러나 이 기록은 영원하지 않다. 연약해진 북극 해빙처럼 언제 기록이 깨질지 아무도 장담할 수 없다. 1980년 북극 해빙 면적은 754만km²였다. 그러나 불과 40년 사이 절반에 가까운 해빙이 사라지고 말았다. 북극 해빙 면적은 10년에 12.6%씩 감소한 것으로 분석됐다.

면적뿐 아니라 나이가 한 살밖에 안 된 단년생 해빙이 대세가 되면서 해빙의 체질도 부실하게 바뀌어 가고 있다. 절반 면적으로 줄어든 데다 얇고 부서지기 쉬워진 해빙, 그 안에서 살아가던 동물들은 통곡이라도 하고 싶은 심정일 것이다. 우리나라 영토가 수십 년사이에 절반 크기로 줄었다고 상상해 보자. 아마 국토가 물에 잠기고 있는 남태평양 섬나라 주민들도 비슷한 마음일 것이다.

여기서 끝이 아니다. 기후변화 시나리오에 따르면 앞으로 여름철 북극의 해빙 면적이 100만km² 아래로 줄어들 것이라는 예측이 나온다. 700만에서 300만대로, 여기서 다시 100만km² 선까지 무너지면 말 그대로 '해빙이 없는ice-free' 상태에 접어들게 된다. 하얀 해빙 대신 시퍼런 파도가 넘실대고, 쇄빙선이 필요 없는 북극 바다. 빠르면 그 풍경을 10년 안에 마주할 수도 있다는 비극적인 전망이 나오고 있다.

과거에는 북극 해빙이 녹으면 북극으로 가는 무역 항로가 열리고 엄청난 경제적인 혜택을 누리게 될 거라며 오히려 환호하기도 했다. 그때는 기후위기라는 말이 없던 시절이었다. 그런데 기후변화의 속도가 빨라지면서 정말로 해빙 없는 북극이 현실이 될 날이 코앞에 닥쳤다. 과연 손뼉을 치며 환영해야 할까?

북극의 변화는 '양의 되먹임positive feedback'이라는 가속도를 더하며 예측하지 못한 방향으로 나아가고 있다. 북극의 온도 상승이 해빙을 더 많이 녹이고, 해빙이 사라진 검은 바다는 더 많은 태양에너지를 흡수해 더 많은 해빙을 녹인다. 플러스(+)가 플러스(+)를 불러오는 공포의 양의 되먹임 현상으로 사소해 보이는 변화가 걷잡을 수 없이 증폭되는 것이다. 북극의 기후변화는 전 세세 나머지 지역보다 2~3배나 빠르게 진행되고 있다. 이러한 현상을 '북극 증폭Arctic Amplification'이라고 부른다.

북극에서 햇빛을 반사하던 해빙이 줄어들자 북극이 더 뜨거워지고 이 여파가 빙하의 붕괴와 영구동토층의 균열, 생태계의 충격으로 번져나가고 있다. 북극에서 일어나고 있는 동시다발적인 변화, 그 시작은 바로 해빙이다. 북극 해빙은 지구의 기후를 조절하는 심장이자 에어컨 역할을 해왔다. 그런데 기후위기로 북극이 고장 났다.

＊＊

기상전문기자는 기상청 예보관과 비슷하게 일기도를 살피고 지구 대기와 해양, 대류의 상황을 분석해 날씨와 기후를 내다본다. 베테랑 예보관을 따라갈 수는 없겠지만 '서당 개 3년이면 풍월을 읊는다'고 나 역시 얼추 기상청을 흉내 낼 수 있는 경지에 이르렀다. 적어도 일기도 등의 자료를 볼 때 무엇을 봐야 하는지 정도는 감을 잡을 수 있게 된 것이다.

그런데 2010년 겨울을 기점으로 북극이라는 강력한 변수가 등장했다. 2010년 12월 하순부터 39일이나 한파가 계속됐고 부산의 최저기온이 96년 만에 가장 낮은 영하 12.8℃까지 내려갔다. 동해안은 나흘 동안 1m 안팎의 눈이 쏟아져 100년 만에 최대 적설량을 기록했다. 온난화가 절정을 향해가고 있을 때 갑자기 한파와 폭설이라는 초특급 사건이 터진 것이다.

한반도뿐만 아니라 북아메리카와 유럽 등 북반구 중위도 전체가 시퍼런 냉기에 휩싸였다. 추위로 사망자가 속출하고 교통사고와 항공기 결항, 정전 등 피해도 막대했다. 당시 기상청은 "북극의 이상고온 현상으로 찬 공기가 남쪽으로 밀려 내려와 한파와 폭설을 몰고 왔다"고 설명했다. '북극발 한파'라는 새로운 현상이 처음 등장한 순간이었다.

그때까지만 해도 지구의 평균기온이 오르면 겨울이 점점 따뜻해질 거라고 전망했다. 이번 세기 말 겨울은 아예 사라지고 1년의 절반을 독차지한 여름이 지독한 폭염과 폭우로 우리를 괴롭히는 끔찍한 시나리오가 놓여있었다. 그런데 이게 웬일! 한파로 얼어 죽거나 눈보라에 고립된 사람들이 속출했다. 뭔가 잘못된 게 분명했다.

기후학자들은 이상한파의 중심에 북극이 있음을 알아챘다. 북극의 해빙이 많이 녹으면서 뜨거운 열기가 퍼져나갔고 북극 상공을 돌

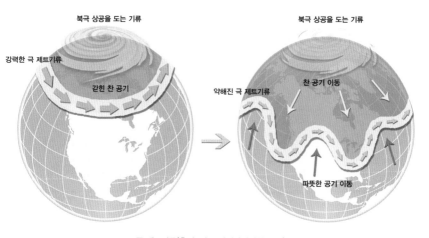

극 제트기류(출처: 미 국립해양대기청NOAA).

던 기류에 변화가 생겼다. 극 제트기류polar jet stream라고 부르는 바람이 예전처럼 강하게 북극 주변을 돌지 못하고 뱀처럼 구불구불 밀려 내려오기 시작한 것이다. 기류가 지나는 곳에는 북극의 냉기가 쏟아져 나왔고 오래 정체할수록 한파 피해는 커졌다.

2010년 겨울을 계기로 북극은 더욱 주목받기 시작했다. 인구가 많이 집중돼 있는 북반구 중위도의 기후와 특히 밀접했기 때문이다. 기상청의 겨울 전망에는 북극에 대한 분석이 빠지지 않는다. 거리는 6,000km 이상 떨어져 있지만 북극의 해빙과 바람의 변화는 우리나라에 혹독한 겨울 추위를 몰고 올 수 있다.

나는 겨울을 좋아하지만 추위를 많이 타서 추위 스케치를 하러 나가는 일이 정말 끔찍했다. 그런데 하필 입사 초기에 북극발 한파를 정면으로 맞았다. 하루하루 리포트를 하기 위해 얼음이 얼어있는 장소를 물색했던 기억이 난다. 한강이나 광화문은 단골 장소였고, 북한산 얼음 계곡을 찾아 떠나거나 스케이트장으로 변한 일산 호수공원 위에서 온마이크를 잡기도 했다.

평소에도 손발이 유난히 차가운 편인데 야외를 몇 시간씩 돌다가 들어오면 발가락에 동상을 입곤 했다. 약사 선생님은 "요즘 세상에도 동상 걸리는 사람이 있다니" 하는 표정으로 연고를 주셨다. 따뜻한 곳에 들어가면 발가락이 어찌나 간지럽던지. 그것은 분명한 산재였다.

추위에 떨며 거리에서 인터뷰이를 찾는 일도 곤혹스럽기는 마찬가지다. 나도 춥고 촬영기자와 오디오맨도 춥고 시민들도 춥다. 그런데 마이크를 대고 얼마나 추운지 인터뷰해 달라고 하니 나 같아도 안 할 것 같다. 어떤 날은 눈물로 사정하다시피 하기도 했다. 앞으로 방송 뉴스를 보면 시민 인터뷰가 그냥 이뤄진 게 아니라는 점만 알아주면 좋겠다.

* *

북극발 한파의 존재가 세상에 알려진 지 10년이 넘었다. 그사이에 북극의 영향과 관련한 퍼즐 조각이 더 많이 맞춰졌다. 북극의 해빙이 많이 녹는다고 그해 겨울이 무조건 추운 것이 아니라, 바렌츠-카라해의 해빙이 우리나라에 영향을 준다는 연구 결과가 나왔다. 또 여름의 장기 폭염과 장마, 고농도 미세먼지에도 북극의 입김이 작용했다는 분석이 더해지고 있다.

우리의 삶은 북극과 연결돼 있다. 수천 km 떨어진 곳의 기후가 서로 영향을 주는 현상을 기상학 용어로 '원격 상관teleconnection'이라고 부른다. 지구는 대기권과 수권, 지권, 빙권, 생물권으로 연결돼 있어 아무리 멀리 떨어져 있어도 언젠가는 마주치게 된다. 이런 걸 필연이라고 해야 할까. 오늘 내가 마시는 물 한 잔은 아주 오래전 지구 반대편에서 증발한 호수일지도 모른다. 지구에 발을 딛고 살아가는 이상 모든 것은 서로 관련되어 있다.

물론 북극은 열대 바다의 엘니뇨, 라니냐 현상이나 북대서양 진동, 인도양 다이폴, 매든 줄리언 진동*처럼 기후에 영향을 주는 수많은 변수 가운데 하나일 수 있다.

　그러나 지구에서 가장 차가웠던 북극이 따뜻해지면서 적도와의 온도 차이에 의해 움직이던 바람이 멈추고 해류가 약해지고 있다. 북극의 변화는 그저 하나의 단편적인 현상이 아니라 전 지구의 기후를 뒤바꿔 놓을 수 있는 가장 강력한 변수다. 지구의 기후가 벼랑 끝으로 떨어지는 '티핑 포인트tipping point'가 온다면 그 시작은 북극이 될 확률이 매우 높다. 그리고 북극의 변화는 되돌릴 수 없는 미래를 불러올 것이다.

＊ 엘니뇨-라니냐El Niño-Southern Oscillation, ENSO: 적도 동태평양의 수온이 평년보다 높거나 낮아지는 현상.
북대서양 진동North Atlantic oscillation, NAO: 북대서양의 기압 배치에 의해 대기의 기류가 바뀌는 현상.
인도양 다이폴Indian Ocean Dipole, IOD: 열대 인도양의 동부, 서부에서 수온 차이에 의해 나타나는 현상.
매든 줄리언 진동Madden-Julian Oscillation, MJO: 열대지역의 서쪽에서 동쪽으로 나타나는 대기순환.

북극의 미래는
갯벌

북극에 와서 가장 위험했던 현장은 단연코 딕슨 피오르였다. 빙하 탐사의 경우 보트에서 촬영하고 인터뷰를 진행하는 일정이었다면 딕슨 피오르는 거대한 지형을 직접 걸으며 누벼야 했다. 바닷물이 썰물로 빠져나가야 지형의 변화를 모니터링할 수 있기 때문에 아침 일찍 서둘러 출발했다. 그런데 썰물로 수위가 낮아져 배를 해안 가까이 붙일 수 없었다.

집 떠나면 고생이라더니 보트에서 내린 다음 발을 떼자마자 비상사태기 발생했다. 갯벌처럼 푹푹 빠지는 진흙 펄에 발이 빠져서 한 걸음도 내딛지 못하게 된 것이다. 촬영 장비와 드론을 들고 있던 촬영기자는 배에서 내리자마자 물속으로 엉덩방아를 찧고 말았다.

서울대 팀에서도 대학원생 하나가 주저앉았다. 여기저기서 비명이 들렸다. 무사히 해안에 도착할 수 있을지 불투명한 상황이었다.

최대 위기였다. 나 역시 중심을 잃고 쓰러질 뻔하다가 서울대 연구원의 부축을 받아 겨우 걸음을 옮길 수 있었다. 나름 운동신경이 좋다고 자부했지만, 북극의 생소한 환경에선 통하지 않았다. 그저 막 걸음마를 시작한 미숙한 모습이었고 적잖이 충격이었다.

해안가에 도착한 우리 모습은 가관이었다. 남승일 박사는 지팡이를 짚고 오다가 결국은 기어서 도착했다. 온몸이 진흙투성이였다. 북극의 진흙이 오염되지 않아 피부에 좋을 거라는 농담이 오갔다. 딕슨 피오르 경험이 가장 많은 최경식 교수는 맨발로 일행을 이끄느라 지쳐 보였다. 우리는 촬영 장비가 무사하다는 걸 확인하고 안도의 한숨을 내쉬었다.

해안가에 도착했다고 끝이 아니었다. 아니, 지금부터 시작이었다. 딕슨 피오르에 다시 밀물이 들어오기 전까지 지형 조사와 샘플 채집을 모두 완료해야 했다. 연구원들은 GPS 장비를 설치하고 드론 촬영을 하는 등 분주하게 움직였다. 우리도 마찬가지였다.

딕슨 피오르의 풍경은 생경했다. 빙하가 사라지고 그저 시뻘건 진흙으로 가득한 광활한 갯벌. 산꼭대기에 있던 빙하가 녹으면서 퇴적물을 싣고 와 쌓아두면서 갯벌 면적은 점점 넓어지고 있었다. 서울대 팀은 5년째 딕슨 피오르에서 지형 조사를 하고 있다. 이번에는 코로나19로 하늘길이 막혀 2년간의 공백 끝에 다시 온 건데, 그동안

변화는 더욱 가팔라졌다.

진흙은 너무 곱고 부
드러웠다. 갯벌을 파면
바지락이 쏟아져 나오지
않을까. 북극에서 빙하
대신 바지락 축제? 바지
락 칼국수도? 결코 반갑지 않은 북극의 풍경이다. 갯벌을 촬영하고
온마이크를 잡는데 너무 더웠다. 결국 재킷을 벗고 반소매 차림으로
움직였다. 휴대용 온도계로 기온을 재보니 영상 20℃ 가까이 올라갔
다. 이맘때 평균기온이 원래 영상 12℃ 정도인데 말도 안 되는 더위
였다.

그때 충격적인 일이 벌어졌다. 모기떼가 얼굴로, 팔로 몰려들기
시작한 것이다. 북극에도 모기가 있다는 얘기를 듣긴 했지만, 지구
최북단 스발바르제도까지 그런 줄은 몰랐다. 혹시 몰라 한국에서 모
기 기피제를 사두기는 했지만 설마 하는 마음에 챙기지 않았다. 북
위 60도 정도의 알래스
카에서는 모기 때문에
양봉 모자를 써야 할 정
도라고 하는데, 북위 78
도가 모기 천국이 되다
니. 다들 스발바르에서

모기를 본 것은 처음이라고 했다.

촬영기자는 모기를 찍느라 바빴고 나는 생존 본능으로 모기를 잡느라 바빴다. 내 손이 자동으로 움직이고 있었다. 촬영을 위해서라면 모기가 피를 빼는 동안 꾹 참아야 했는데 불가능한 일이었다. 모기 알레르기가 심해서 여름마다 병원에 가는 나였다. 모기 물린 곳이 부어올라 심각한 독성 반응을 보이기 때문에 모기 소리만 들어도 공포에 질린다. 가장 싫어하는 곳이 모기 많은 곳이니 캠핑의 꿈은 접은 지 오래고 아마존 정글 취재는 상상도 하기 싫다.

그런데 추운 북극에 와서 모기라니. 갯벌로 변한 딕슨 피오르의 환경이 모기 번식에 유리하게 작용한 것이다. 알을 낳을 수 있는 물웅덩이가 늘어나고 기온도 높아지니 모기들은 살판이 났을 듯하다. 앞으로 북극에서 모기 관련 상품이 마트 진열대에 놓일 날도 머지않았다. 기후위기가 이대로 심해지면 북극의 히트 상품이 또 생길 것이다. 북극에 와서 느낀 점은, 백야로 인해 해가 지지 않기 때문에 햇살이 쨍한 낮에는 너무 덥다는 점이었다. 특히 실내에선 에어컨 생각이 절실했다. 모기약과 마찬가지로 에어컨 역시 북극의 필수품이 된다면?

지금은 북극의 카페 메뉴에 따로 없는 아이스 아메리카노가 판매될 날도 올 것이다. 북극에 있을 때 너무 더워서 얼음을 따로 추가해서 커피에 넣어 마실 정도였다. 한국에서 먹던 얼음 가득한 '아아(아이스 아메리카노)'가 진정 그리운 날씨였다.

딕슨 피오르 곳곳을 조사하기 위해 우리는 갯벌부터 자갈밭, 산등성이와 골짜기까지 탐험했다. 북극의 야생화가 흐드러지게 피어 있는 곳도 있었고 자갈 때문에 넘어질 뻔한 사나운 길도 있었다. 중간에 볼일을 보기 위해 여자들끼리 언덕 넘어 후미진 곳에 다녀오기도 했다. 이럴 때의 끈끈한 연대란. 서로 망을 봐주며 후다닥 일을 해결했다. 혹시 북극곰이 다가올지도 모르니…. 딕슨 피오르에 마지막으로 왔을 때 서울대 팀은 북극곰을 촬영했다. 우리와 함께 온 안전요원 2명도 이곳에서 북극곰을 본 적이 있다고 했다.

언제 갑자기 만나게 될지 모르는 북극곰 생각에 긴장을 늦출 수 없었다. 그때, 진흙 위에 찍힌 북극곰 발자국을 발견했다. 우리는 모두 비명을 질렀다. 지금 북극곰이 가까이 있나? 그러나 발자국 상태를 보건대 며칠 전에 찍힌 것 같다고 했다. 경계 태세는 계속 취했지만 우리는 결국 북극곰을 만나지 못했다. 날씨가 더운 한낮에는 북극곰이 사냥을 하기가 힘들기 때문에 그늘진 곳에서 쉬고 있을 거라

북극곰(사진 제공: 서울대 최경식 교수)

는 추측이 나왔다. 북극에도 폭염특보가 내려진 걸까? 북극곰도 열사병에 걸릴 수 있으니까 변화한 기후에 적응해야겠지.

지형 탐사를 끝내고 베이스캠프로 무사히 돌아왔다. 그런데 또 하나의 에피소드가 기다리고 있었다. 밀물이 들어오는 장면을 촬영하기 위해 해안가에 설치해 둔 고프로 카메라가 흔적도 없이 사라진 것이다. 물이 생각보다 빨리 들어와서 카메라를 삼켜버렸다. 촬영 기자는 사색이 되어 방수복을 입고 장화를 신은 채 카메라를 건지러 바다로 향했다.

물은 무릎 높이까지 들어와 있었고 온통 흙탕물이어서 잘 보이지 않았다. 손을 집어넣어 바닥을 더듬더듬 훑어나갈 수밖에 없었다. 안전요원도 힘을 보탰다. 그냥 고프로 하나 날리는구나 하고 포기하는 마음으로 지켜보고 있을 때 안전요원이 고프로를 손에 든 채 소리 질렀다. 환호성이 터져 나왔고, 맘고생했던 후배는 눈물을 글썽이는 듯했다.

"크리스토퍼! 너는 우리의 영웅이야."

노르웨이에서 대학을 다니며 방학 때 아르바이트를 하러 스발바르에 온다는 스무 살 안전요원. 굳이 도와주지 않아도 되는데 물에 들어가서 자기 물건처럼 찾아준 그 마음이 기적을 불러왔다. 고마운 마음들이 모여 우리는 수월하게 딕슨 피오르 탐사를 끝냈다. 다시 보트를 탈 때도 대참사가 생기지 않을까 긴장했지만 다행히 수위가 높아지면서 보트가 우리를 데리러 가까이 와줬다.

딕슨 피오르에서 돌아오는 길, 머릿속에 모기와 갯벌, 20℃, 북극곰 발자국이라는 해시태그가 온통 맴돌았다. 북극의 미래는 갯벌일까. 우리가 빙하를 볼 수 있는 마지막 세대일 거라는 우려가 현실이 될 날이 머지않았다.

2010년을 전후해 '둠 투어'가 인기를 끈 적이 있다. 남극과 북극의 무너져 내리는 빙하 지대, 산호초가 죽어가는 오스트레일리아 그레이트 배리어 리프Great Barrier Reef, 해수면 상승으로 물에 잠기고 있는 몰디브 등 최악의 위기에 처한 현장이 목적지였다. 다음 세대에는 사라질 곳을 마지막으로 눈에 담고 싶은 사람들의 욕망을 겨냥해 만들어진 여행 상품이었다. 기후위기에 대한 경각심을 느낄 수 있다는 점에서 환경친화적인 여행으로 홍보되곤 했다.

남극과 북극으로 향하는 여행객 수에 비례해 유람선 운항도 증가했고 빙산과 충돌하는 등 아찔한 사고도 끊이질 않았다. 비행기와 보트, 차량에서 배출되는 온실가스가 빙하의 수명을 단축하고 있다는 진실은 뒷전이었다. 어쩌면 마지막 빙하를 나만 보겠다는 이기심으로 비춰지기도 한다. 여행객들을 위해 만든 도로 덕분에 편의성과 접근성이 좋아진 만큼 운명의 날doomsday로 향하는 속도 역시 고속도로를 달리는 것처럼 빨라지고 있다.

* 딕슨 피오르에서 만난 사람들

인터뷰 >>> 크리스토퍼 미순 [안전요원, 가이드]

스발바르에서 어떤 일을 하고 있나요?

저는 1년 전에 스발바르제도에 왔습니다. 노르웨이 본토에서 관광 관련 전공으로 대학을 다니고 있는데요, 이곳에서 북극의 야외 생활에 대해 공부하고 있습니다. 북극에서의 생존법을 배우는 거죠. 겨울에는 영하 20℃의 날씨에 5일간 스키 여행을 하기도 했습니다. 겨울에 오시면 정말 아름다운 장면을 보실 수 있을 겁니다.

　오늘 제 임무는 북극곰을 정찰하는 거죠. 높은 지대에 올라가 쌍안경으로 북극곰을 관찰합니다. 북극곰이 나타나면 스스로 보호할 준비를 해야 합니다. 최근에도 서부 해안에서 보트를 타고 일할 때 엄마 곰과 새끼 곰 두 마리를 봤습니다. 여기서도 북극곰을 볼 수 있습니다. 제 동료가 작년에 바로 이곳에서 한 마리를 봤어요. 항상 준비를 해야 합니다. 우리 북극곰 안전요원이 북극곰을 발견하면 대피할 수 있도록 조치를 취합니다. 안전하게 자리를 떠날 수 있게 말이죠.

스발바르에 북극곰이 많다고 들었습니다. 최근에는 어떤가요?

전체적인 개체수가 적긴 하지만 최근 숫자가 늘었습니다. 매우 좋은 일이죠. 더 많은 북극곰을 이곳에서 볼 수 있습니다. 원래는 동부 해안에 많았고 서부 해안 쪽에는 그렇게 많지 않았거든요. 그런데 조금씩 서부 해안으로 오고 있습니다. 많은 사람이 북극곰이 멸종할까 걱정하고 있는데 스발바르에서는 다소 증가하고 있습니다. 그러나 해빙은 점점 줄어들고 있어요. 그러면 북극곰이 먹이를 많이 구할 수 없게 됩니다.

겨울이면 저쪽에 보이는 곳까지 차를 타고 갈 수 있었습니다. 빙원ice field이라고 하죠. 20년 전까지만 해도 지면이 모두 얼음으로 덮여있었거든요. 그러나 마지막으로 저곳이 얼었던 게 14년 전이에요. 이후로는 더 이상 얼지 않습니다.

딕슨 피오르에 처음 왔을 때 적잖이 충격을 받았습니다. 전혀 북극처럼 보이지 않았거든요. 한국의 갯벌과 비슷하다고 느꼈습니다.

그렇습니다. 기온이 점점 따뜻해지고 있어요. 얼음도 많지 않고요. 겨울에는 좀 나아지겠지만 겨울도 짧아지고 있습니다. 반대로 여름은 길어지고요. 많은 과학자들이 10년 안에 북극의 해빙이 모두 녹을 것이라고 합니다. 그럴 수 있다고 생각해요. 북극은 지구의 다른 지역보다 기온이 2배 더 오르고 있습니다. 벌써 2~4℃ 정도 상승했어요.

바로 뒤에 있는 빙하 보이시죠. 저 빙하 역시 매년 줄어들고 있습니다. 점점 작아지는 거죠. 너무나 아름다운 빙하가 사라진다는 사실이 슬픕니다. 저는 빙하가 계속 떨어져 내리는 것을 봤어요. 물이 녹아 폭포처럼 흐르더군요.

지난해 여름에는 기온이 영상 21℃까지 치솟기도 했습니다. 여름에 21℃까지 기온이 오른 적은 한 번도 없었어요. 전례가 없는 기록입니다. 세계 최북단에 있는 북극 지역인데 말이죠. 이런 일은 더는 일어나선 안 됩니다.

인터뷰 >>> 스테파네 헤우티르 (안전요원, 가이드)

기후위기를 체감하시나요?

제가 이곳에 처음 온 날이 5월 21일이었는데 그때만 해도 롱이어비엔에 눈이 많이 쌓여있었습니다. 산 전체가 눈으로 덮여있었죠. 그런데 일주일, 열흘이 지나자 모두 녹아버렸습니다. 기온이 1℃만 올라도 많은 변화가 일어나죠. 0℃일 때는 얼음이 녹지 않지만 1℃만 상승해도 24시간 안에 얼음이 녹거든요.

날이 점점 따뜻해지고 봄이 오면서 모든 것이 너무나 빨리 사라져버렸습니다. 롱이어비엔의 해빙은 여름이면 부서지곤 합니다. 스피츠베르겐 주변으로 멕시코 만류가 흐르고 있기 때문에 여름에는 거의 얼음을 볼 수 없어요. 그런데 올해는 이런 현상이 6월에 찾아왔습니다. 이렇게 빨리 부서진 건 처음 있는 일이에요. 요즘은 안타깝게도 여름이 매우 따뜻합니다. 평균보다 10℃를 웃돌기도 하고요.

기후위기가 이곳 사람들을 위협하고 있나요?

네, 최근에 눈사태가 문제가 되고 있습니다. 1906년 롱이어비엔이 생긴 이후 눈사태가 발생한 적이 단 한 번도 없었거든요. 그러다 2015년 눈사태가 발생해 주택 13채가 붕괴하고 2명이 사망했습니다. 기후변화의 영향이라 할 수 있죠. 이제는 마을을 보호하기 위해 구조물을 만들어 대비해야 합니다. 유연하게 대처해야 하는 거죠.

영구동토층이 무너지는 것도 위협적입니다. 롱이어비엔에 있는 노란색 건물 보셨나요? 2016년에 균열이 발생했습니다. 땅 밑의 동토층이 녹으면서 건물에 영향을 준 건데요. 롱이어비엔에서 지상에 지어진 유일한 건물이었습니다. 건물이 붕괴할 당시 사람들이 살고 있었어요. 지금은 텅 빈 건물이 되었지만요.

롱이어비엔의 건물을 자세히 보면 모두 기둥 위에 지어진 것을 볼 수 있습니다. 오래된 건물의 경우에는 기둥의 길이가 7m 정도고, 최근에 짓는 집은 10m에 이르는 기둥을 세우고 짓습니다. 영구동토층이 녹는 정도가 심해지고 있기 때문에 건물을 지지하기 위해서 그렇게 만든 거죠. 주민들의 안전을 위해서입니다.

최경식 교수

딕슨 피오르에 무슨 일이 벌어지고 있나요?

우리나라는 서해안과 남해안을 중심으로 갯벌이 굉장히 넓게 발달해 있습니다. 그런데 퇴적물의 공급이 부족해지면서 갯벌 면적이 축소되고 있거든요. 갯벌이 넓을수록 생태계가 건강해지고 해안선도 안정되지만 북극에선 정반대입니다.

북극 딕슨 피오르의 갯벌 면적이 늘어나는 건 육상에서 퇴적물의 공급이 그만큼 많다는 뜻입니다. 겨울에 내린 눈이 다 녹아서 낮은 고도로 흘러들어 간 건데 강력한 기후변화의 증거라고 볼 수 있습니다.

2016년부터 2019년까지 4년간 딕슨 피오르를 조사했고 올해 3년 만에 찾아왔지만 올 때마다 갯벌 면적이 증가하고 수심이 얕아지는 모습을 목격했습니다. 수심이 얕아지면 해안 지역이 파도에 굉장히 취약한 환경으로 바뀝니다. 이곳 해안가에 자갈로 이뤄진 퇴적체가 있는데 1년에 70~80cm라는 빠른 속도로 이동하고 있어요. 그린란드 등 북극 지역을 통틀어 가장 활발한 변화가 목격되고 있는 겁니다.

갯벌 연구할 때 힘든 점도 많을 것 같은데요?

가장 힘든 점은 물이 하루에 두 번씩 오르락내리락하니까 일을 할 수 있는 시간이 제한돼 있다는 겁니다. 물이 빠졌을 때만 작업을 하는데 보통 6시간 정도밖에 유지가 안 됩니다. 오늘 데이터를 얻지 못하면 내일은 또 다른 환경이 될 수 있어 그날그날 목표한 데이터를 확보하는 게 굉장히 중요합니다. 지형 조사를 위해 3~4km 넘게 걸을 때도 많습니다. 걷기 편한 길이면 상관없는데, 울퉁불퉁하거나 경사가 심한 곳은 시간 제약이 있고요. 장비를 다 들고 걸어야 해서 체력적으로 힘든 점도 극복해야 할 과제입니다.

김도형 박사

저는 빙하가 후퇴한 딕슨 피오르에 나타난 지형 변동과 퇴적물 이동에 관련된 연구를 하고 있습니다. 먼저 RTK GPS[실시간 이동측위]를 설치해 정밀한 지형 측정을 위한 좌표를 획득하는 작업을 진행하고요, 이후 드론을 띄워 딕슨 피오르의 고해상도 공간 자료를 촬영합니다. 또 퇴적 환경을 분석하기 위해 갯벌에서 진흙 샘플을 얻는 코어링[시추]을 하는데요. 50cm 정도 뚫고 들어가 내부에 어떤 퇴적층이 보존되어 있고 언제 쌓였는지 연대 측정을 할 계획입니다.

저는 2016년에 처음 스발바르에 왔고 이번이 다섯 번째입니다. 코로나19 때문에 2년의 공백이 있었는데요, 과거 1년 단위로 왔을 때보다 훨씬 대규모로 해안 절벽이 무너지고 갯벌이 확장되는 변화를 체감하고 있습니다.

육상이나 해양과 다르게 갯벌이라는 환경 자체가 접근하기가 훨씬 더 힘든 환경이다 보니까 연구 과정에서 힘들고 어려운 부분은 많은데 그만큼 남들이 쉽게 하지 못하는 부분이잖아요. 데이터를 얻고 논문이 나왔을 때 큰 보람과 성취감을 느낄 수 있습니다.

조주희 연구원

저는 조석과 하천이 만나는 곳에서 어떻게 퇴적작용이 이뤄지고 과거에 어떤 기록을 가지고 있는지 연구하는 해양퇴적학자입니다. 스발바르에선 딕슨 피오르의 지형이 지난 3년, 2년, 1년 주기로 어떻게 변했는지 관찰하기 위한 연구를 진행하고 있습니다. 어렸을 적에는 대기과학에 관심이 많았는데 너무 숫자가 많고 복잡하더라고요. 제 성격상 밖에 나가서 활동하는 것을 좋아하고 지금의 지도교수님을 만나서 여기까지 오게 된 것 같아요.

제가 서울대 지구환경과학부지만 주변에도 북극에 오는 경우는 흔치 않습니다. 간다면 남극을 많이 가고요. 북극은 많이 없어요. 지금 한국은 매우 덥고 습하니까 북극에 간다고 하면 시원하고 좋겠다는 얘기를 많이 들어요. 쉽게 접근하기 어렵기 때문에 대부분 "부럽다"고 합니다.

북극에서는 온난화로 빙하가 녹고 그로 인해 지반이 융기[상승]하고 있습니다. 빙하가 녹은 물인 융빙수뿐만 아니라 퇴적물도 같이 흘러나오면서 갯벌이 만들어지고 성장하는 과정을 겪고 있는데요. 전 세계적인 기후위기를 정면으로 맞부딪치고 있는 환경입니다. 우리나라에 빙하는 없지만 북극의 변화로 어떤 위기가 찾아올 수 있는지 선행 연구를 미리 해놔야 훗날 도움이 되지 않을까 싶습니다.

　최근 우리나라 갯벌은 유네스코 세계유산에 등재가 된 만큼 그 가치를 인정받았고 탄소중립과 관련된 연구도 활발하게 진행되고 있습니다. 생물의 다양성이 높고 보존 가치가 높기 때문에 우리나라 갯벌은 전 세계적으로 뒤지지 않는 훌륭한 갯벌이라고 생각합니다.

손승연 연구원

저는 이번에 처음 북극에 온 거라 기대와 설렘 반, 두려움 반이었는데요, 막상 와 보니 제가 생각했던 북극의 이미지와 너무 달라서 색다른 경험을 했습니다. 제가 여기 오는 과정에서 갯벌에 엉덩방아를 찧었잖아요(웃음). 갯벌이라는 지형 자체가 연구하기 쉽지 않고 접근성이 떨어지는 것은 확실한 듯합니다. 물론 체력적으로 많이 힘든 일이기도 하지만 의미 있는 일인 만큼 앞으로 저 자신이 포기하지 않고 계속 공부를 해나갈 수 있기를 바라고 있습니다.

판도라의 상자가
열리면?

북극 취재에서 가장 기대하지 않았던 부분이 바로 영구동토층이었다. 영구동토층은 여름에도 녹지 않고 2년 이상 얼어있는 토양을 의미한다. 주로 북극의 고위도에 분포하고 그 면적은 지구 육지의 14%인 2,100만km²에 달한다. 종종 외신을 통해 보도되는, 땅이 뒤틀리거나 푹 꺼진 모습은 대부분 시베리아의 동토에서 촬영된 영상이다.

스발바르에서도 다산기지 주변에서 땅이 출렁거리는 장면을 볼 수 있다는 이야기를 들었다. 사전 답사를 가볼 수 있다면 좋겠지만 그럴 상황이 못 되기 때문에 현장에 가서 묻고 직접 부딪히는 방법밖에 없었다. 전문가의 도움을 받을 수 있는 빙하나 딕슨 피오르 탐사에 비해 영구동토층 취재는 불확실성이 컸지만, 북극에 발을 디딘 이상 최선을 다해야 했다.

취재 준비 과정에서 웃지 못할 에피소드가 하나 있다. 기획안을 쓰면서 영구동토층 역시 하나의 꼭지로 잡고 관련 자료를 모으고 있었는데 어느 날 데스크가 부르더니 영구동토층 관련 취재가 매우 중요하다고 강조하는 것 아닌가. 속으로 큰일 났다 싶었다.

언론사에서 '데스크desk'는 기자의 취재 계획을 검토하고, 기사를 수정하거나 보완하고, 제작에 관여하는 모든 역할을 도맡는다. 단어의 뜻은 '책상'인데 팀장이나 부장급이 책상에 많이 앉아있어서 그렇게 불리는 걸까.

데스크는 북극 주민을 반드시 섭외해 영구동토층 붕괴로 삶에 어떤 변화가 있는지 밀착 취재하라고 지시했다. 그들의 집과 가족, 심지어 일터까지 따라붙으면 더 좋다. 과거 북극을 취재했던 선배 가운데 하나가 이누이트와 함께 배를 타고 고래잡이에 나선 적이 있었는데 반응이 매우 좋았다는 말도 덧붙였다.

고래잡이라는 말에 무척 솔깃했다. 체험형 취재는 내가 가장 좋아하는 스타일이다. 그러나 이번에는 주민을 섭외해 줄 코디도, 통역도 없이 달랑 촬영기자 둘과 가는 2주짜리 출장이었다. 만약 운 좋게 주민을 섭외한다고 해도 의사소통이 원활히 될지 의문이었다.

알겠다고 대답은 했지만 먹구름이 드리워졌다. 그 넓은 스발바르에서 무너지는 영구동토층을 어떻게 찾을지가 일단 막막했고, 영구동토층 붕괴가 주민의 삶에 미치는 영향이 별로 없으면 어떡하지 하는 두려움도 컸다. 회사에 신청한 인터뷰 사례비를 품에 넣고 귀인을 만나기를 기도하며 떠날 수밖에.

그런데 이게 웬일? 롱이어비엔 공항에 내리자마자 눈에 들어온 풍경에 걱정이 조금 누그러졌다. 영구동토층이 녹으면서 생겨난 물웅덩이가 널려있었고 걸을 때마다 땅이 출렁거렸다. 딱딱한 지면만 걷다가 이곳에 오니 마치 침대 매트리스 위에 있는 기분이랄까.

우리 딸은 푹신한 침대만 발견하면 천장에 머리가 닿을 듯 신나게 뛰어댄다. 그런 것처럼 나 역시 카메라 앞에서 발로 땅을 꾹꾹 밟아보고 걷거나 뛰는 동작을 반복했다. 이러다가 땅이 갑자기 꺼지는 건 아니겠지 하는 걱정이 들 정도였다. 시베리아의 거대한 싱크홀 생각이 났다.

영구동토층이 중요한 이유는 그 안에 오래된 생물 사체가 묻혀있기 때문이다. 심지어 마지막 빙하기 때 묻힌 지층도 존재하고, 거대한 숲이나 때때로 동결 보존된 매머드 사체가 발견되기도 한다. 그런데 북극의 온난화로 영구동토층이 많이 녹으면 땅속에 얼어있던 미생물 역시 깨어난다. 마치 관 속의 미라가 되살아나는 영화처럼 '판도라의 상자'가 열리는 것이다.

오랜 잠에서 깨어난 미생물은 매머드 같은 유기물을 정신없이 먹어 치우며 분해하기 시작한다. 이때 대기 중으로 배출되는 것이 바로 대표적인 온실가스인 이산화탄소다. 오랫동안 굶주렸으니 먹어 치우는 양도 어마어마할 것이다. 영구동토층에 잠재돼 있는 이산화탄소의 양은 1조6,000억 톤으로 추정된다. 현재 대기에 존재하는 양의 2배에 달한다.

산소가 없는 환경에 사는 혐기성 미생물은 유기물을 소화하는 과정에서 메탄을 배출한다. 북극 영구동토층 주변의 물웅덩이에서 거품이 보글보글 솟아오르는 모습이 자주 목격되는데 바로 메탄이다. 메탄은 난방이나 자동차 연료로 사용하는 천연가스LNG의 주성분으로 불을 붙이면 곧바로 폭발한다. 소가 방귀를 뀌거나 트림할 때도 많은 메탄이 나오는데, 메탄은 이산화탄소에 이어 두 번째로 강력한 온실가스다.

지구 대기에 존재하는 이산화탄소와 메탄, 수증기 등 온실가스는 지금의 우리가 존재할 수 있게 한 은인이다. 지표면에서 방출되는 지구복사 에너지를 흡수해 따뜻하게 유지해 줬기 때문이다. 지구의 평균기온이 영상 14℃ 정도인데 만약 온실가스가 없었다면 냉동실 온도와 비슷한 영하 18℃까지 떨어졌을 것이다. 그런데 산업화 이후 화석연료 사용이 급증하면서 온실가스 농도가 나날이 치솟고 있다. '과유불급過猶不及'이라는 말처럼, 지나친 온실가스 배출은 지구의 기온을 과하게 끌어 올려 기후위기라는 화를 불러오고 말았다.

온실가스가 더 문제가 되는 이유는 대기 중에 한 번 배출되면 금방 사라지지 않는다는 점에 있다. 전체 온실가스 배출량의 80% 이상을 차지하는 이산화탄소는 대기 중 체류 기간이 최대 200~300년에 이른다. 18세기에 배출된 이산화탄소가 여전히 우리의 발목을 잡고 있으며 우리 역시 300년 뒤 후손의 미래를 갉아먹고 있다는 뜻이다. 반면 메탄은 체류 시간이 12년으로 짧은 편이라, 배출량을 줄이기만 하면 10년쯤 뒤에 즉각적인 효과를 거둘 수 있다.

메탄의 급한 성질 때문에, 20년을 기준으로 한 '지구온난화 지수Global Warming Potential, GWP'는 이산화탄소의 81~83배에 이른다. 하지만 100년 정도 되는 긴 시간을 기준으로 하면 많이 사라지므로 이산화탄소의 28배로 줄어든다. 언론은 두 가지 숫자를 모두 사용하지만 보통 숫자가 클수록 공포감을 주기 때문에 '80배'를 자주 인용한다. 그런데 기준이 되는 시간 개념이 빠져있을 때가 많아 사람들에게 혼란을 준다.

1997년 교토의정서에서 처음으로 6대 온실가스(이산화탄소CO_2, 메탄CH_4, 아산화질소N_2O, 수소불화탄소HFCs, 과불화탄소PFCs, 육불화황SF_6)를 정의했다. 2015년 파리협정에서 전 세계는 지구의 온도 상승 폭을 산업화 이전과 비교해 1.5℃ 이내로 제한하기 위해 온실가스 배출량을 줄이기로 합의했다. 2021년 글래스고 기후협약에서는 탄소중립을 위한 각국의 온실가스 감축 세부 이행규칙을 완성했다. 이제 실천만이 남았다.

만약 북극의 영구동토층이 모두 녹고 이산화탄소와 메탄이 미친 듯 뿜어져 나와 대탈출극을 벌인다면? 불현듯 금성 생각이 머리를 스쳤다. 대기의 96.5%가 이산화탄소인 금성은 펄펄 끓는 불지옥이다. 영구동토층이 녹으면 온실가스가 배출되고, 그 결과 지구의 기온이 더 높아져 더 많은 동토가 녹는 악순환이 반복될 것이다. 영구동토층에서 시작된 변화는 북극의 해빙과 마찬가지로 양의 되먹임이라는 무한 증폭열차를 타고 점점 더 강화될 것이다. 그래서 북극의 영구동토층은 언제 터질지 모르는 '시한폭탄'으로 불린다.

이미 시한폭탄의 초침이 빨라지고 있다는 경고가 나오고 있다. 영구동토층에서 배출되는 이산화탄소의 양이 1년에 17억 톤에 이른다는 연구 결과가 발표됐다. 우리나라가 1년에 배출하는 이산화탄소의 2배를 웃돌 정도다. 걱정스러운 점은 공장이나 발전소의 인위적인 배출량에 비해 영구동토층에서 나오는 온실가스에 대해서는 아는 것이 적다는 점이다. 어디에서, 얼마나 많은 이산화탄소와 메탄이 뿜어져 나오며 식생 등과 상호작용하는지 연구하고 기후예측모델에 반영한 것은 비교적 최근의 일이다. 영구동토층에 대해 충분히 알기 전까지 우리는 불안감 속에 서서히 잠에서 깨어나는 야수를 바라보고 있어야 할까?

아주 오래전부터 스발바르의 영구동토층은 시신을 매장하기에 좋은 환경이 아니었다. 단단하게 얼어있는 땅을 파기도 어렵고 시신을 묻더라도 굶주린 북극곰이 냄새를 맡고 파먹는 일이 벌어졌다. 아무리 시간이 지난 시신이라도 꽁꽁 얼어붙어 썩지 않았는데, 1918년 창궐해 전 세계 인구의 5%를 죽음으로 몰아넣은 스페인 독감 바이러스가 온전하게 발견되기도 했다.

이 때문에 스발바르에선 1950년대부터 시신 매장을 법적으로 금지하고 있다. 죽음을 앞둔 사람은 미리 노르웨이로 나가야 하고 이미 사망한 경우라면 사체를 옮긴다. 스발바르에는 의료 시설이 거의 없기 때문에 나이가 들면 자발적으로 떠나는 사람도 많다. 스발바르에 아무리 오래 살았어도 그 땅에 묻힐 수 있는 사람은 아무도 없는 셈이다.

북극에서 우리가 발견한 무덤들은 매장 금지법이 생긴 1950년 이전에 조성된 것이었다. 롱이어비엔에서 가장 큰 스발바르 교회 주변에 나무로 만든 하얀 십자가와 비석이 가득했다. 산기슭에 자리잡고 있어서 등산하듯 경사진 길을 올라가야 했다. 비석을 자세히 보니 "1910년에 태어나 1943년에 잠들다" 같은 문구가 적혀있었

다. 인터넷으로 과거 자료를 검색했을 때는 묘지의 십자가가 모두 기울어져 있었지만 우리가 방문했을 때는 묘지를 대대적으로 손본 뒤였다. 하긴 유족 입장에서 그냥 방치할 수 없었을 것이다.

몇 년 전부터 영구

동토층이 녹으면서 산의 경사가 심해졌고 묘지의 십자가가 기울어지기 시작했다. 관이 떠내려가 시신을 감싸고 있던 아주 오래된 모포 조각이 하천 하류에서 발견되는 오싹한 일이 벌어지기도 했다. 결국 묘지의 관들은 안전한 곳으로 이장을 앞두고 있다. 죽어도 편안하게 쉴 수 없는 비극의 시작은 기후위기다. 누가 스발바르에 묻힌 과거의 사람들을 위태롭게 만든 걸까.

단단했던 스발바르의 땅이 습지처럼 출렁거린다. 얼음 녹은 물이 물웅덩이나 호수를 만들고 지표면의 환경은 급변하고 있다. 따뜻한 날씨에 물까지 풍족해진 북극에서 순백색 눈과 얼음은 사라지고 초록색 식물이 생명력을 과시하고 있었다. 고위도 지역에 식물이 증가하는 '툰드라 그리닝Tundra Greening' 현상이다.

식물이 증가하면 광합성을 통해 대기 중 이산화탄소를 많이 흡수하므로 기후위기를 늦추는 데 도움이 될 것 같지만, 햇빛 대부분을 반사하던 눈과 얼음의 감소는 더 큰 기온 상승을 불러온다. 북극의 초록색 풍경이 반갑지 않은 이유다.

차를 타고 롱이어비엔을 탐험하던 중 우연히 저 멀리서 땅이 꺼져있는 현장을 발견했다. 남승일 박사가 가장 먼저 소리를 질렀고 즉시 차를 세우고 다가갔다. 땅이 움푹 파여있고 무너진 흙덩어리 아래로 거대한 얼음층이 노출돼 있었다. 두껍고 평평한 얼음판이었다. 전문 용어로 '얼음 쐐기'라고 불린다. 기대하지 않았던 영구동토층의 단면을 목격하게 된 우리는 흥분에 휩싸인 채 촬영했다.

주변 땅은 화난 것처럼 불룩불룩 솟구쳐 있고 얼음 녹은 물을 흠뻑 머금고 있었다. 얼음 쐐기는 동시베리아에서 흔히 나타나는 현상으로 남 박사도 스발바르에선 처음 본다고 놀라워했다. 그만큼 지구 최북단에서도 기후변화의 속도가 빨라지고 있다는 증거였다.

극지연구소의 미생물학자인 김민철 박사는 이렇게 증언했다.

"매년 북극의 영구동토층에 샘플을 채집하러 가면 변화를 실감하게 됩니다. 호수가 점점 늘어나는 것을 목격할 수 있는데요, 영구동토층이 녹아서 붕괴한 곳에 호수가 생겨나고 질퍽질퍽한 늪지대로 변해갑니다. 동물의 사체도 발견할 수 있어요.

눈 자체가 태양복사 에너지를 반사하는 알베도 효과albedo effect가 있어 지구의 온도를 일정하게 유지해 주는 역할을 했습니다. 하지만 봄에 눈이 일찍 녹고 식물이 빨리 번성하게 되면 오히려 식물의 생체 리듬이 바뀌면서 이산화탄소를 흡수하는 능력이 떨어진다는 연구 결과가 있습니다. 아침에 너무 일찍 일어나면 종일 졸리고 잠자리에도 일찍 들게 되잖아요.

북극의 영구동토층은 여름에도 얼어있고 겨울에도 얼어있고 사시사철 얼어있는 곳인데, 문제는 반응이 비가역적이라는 거거든요. 한 번 녹으면 다시 그 상태로 돌아가지 않기 때문에 이제 우리 시대는 끝인 거고, 다음 빙하기를 기다려야 됩니다. 반응 자체가 비가역적이라 돌이킬 수 없기 때문에 우려하고 있습니다."

며칠 뒤에 우리는 얼음 쐐기를 추가 촬영하기 위해 현장을 찾았

지만 촬영엔 실패하고 말았다. 포근한 날씨에 땅 밑 얼음은 그새 모두 사라지고 거대한 물웅덩이만 우리를 기다리고 있었다. 역시 현장을 놓치면 다시 기회는 없다. 불과 며칠 사이에 사라진 북극의 속살은 앞으로 우리가 영영 잃게 될지도 모르는 북극의 미래를 경고하고 있었다.

극지 탐험가
오둔의 초대

남승일 박사의 소개로 롱이어비엔에 거주하고 있는 극지 탐험가 오둔 톨프센을 극적으로 인터뷰할 수 있었다. 하늘에서 튼튼한 동아줄이 내려온 기분이었다. 오둔은 2005년 겨울 처음으로 스발바르에서 일을 시작했고 2009년에는 아예 스발바르로 이사했다. 스발바르의 아름다운 자연에 반한 것이다. 북극점 탐험가이기도 한 오둔은 현재 스발바르대학교에서 진행되는 야외 조사나 연구의 안전을 책임지고 있다.

북극 취재 전에 전달받은 데스크의 지령처럼 고래잡이를 함께 나가듯 밀착 취재하는 것은 불가능했지만 다행히 오둔의 집에 초대받았다. 직접 지은 아담한 2층집이었다. 스발바르의 집은 대부분 나무로 짓는데 목재는 수입에 의존한다. 북극의 생태계는 키 작은 초본식물 위주로 나무가 자랄 수 없는 환경이다. 날씨가 추운 데다 땅밑에 영구동토층이 버티고 있어서 뿌리를 깊게 뻗을 수 없기 때문이다. 나무가 없는 산은 마치 산불 피해를 겪은 것처럼 허허벌판이었다. 우리나라의 울창한 산림이 얼마나 큰 축복인지 북극에 와서 새삼 느꼈다.

오둔의 집은 햇살이 잘 들었다. 잠깐 나가더니 직접 장작을 패서 순식간에 난로에 불을 붙이고 직접 끓인 차를 대접했다. 커다란 창으로 그림 같은 풍경이 흘러갔다. 야생화 뷰에 '불멍'에 허브차라니! 갑자기 온몸이 나른해지며 잠이 쏟아질 것만 같았다.

이곳을 좋아하는 이유가 있나요?

산도 좋아하고 야외에 있는 것도 좋아합니다. 여름 날씨도 좋고요. 겨울이 조금 길긴 하지만 봄이 오면 즐길 수 있어요. 사슴은 거의 매일 볼 수 있어요. 가끔은 거위 떼도 보고 새들도 많이 보고요. 계절이 변하는 걸 창문을 통해 느낄 수 있죠. 겨울에는 좋은 날도 있지만 바람이 많이 부는 날도 있어요. 창밖으로 눈보라 치는 것밖에 안 보여요. 따뜻한 곳에 앉아서 추운 바깥을 바라보면 안락한 느낌이 들죠.

북극인데 꽃이 많아서 놀랐어요. 북극의 여름은 원래 이렇나요?

네, 한여름입니다. 식물들이 가장 잘 자라는 시기가 막 지나고 가을로 접어들기 시작했어요. 해가 지질 않아요. 오늘은 구름이 꼈지만 해가 지평선 위로 지나는 걸 보면 아름답습니다. 한여름에는 해가 산 뒤로 지나갔다가 다시 떠오를 거예요.

북극의 기후위기를 실감하나요?

전 과학자는 아니지만 느낄 수 있어요. 빙하를 보면 알 수 있거든요. 저는 빙하에서 구조를 담당하는 일을 하고 있습니다. 피오르 빙하에서 훈련을 많이 받는데 지난 15년 동안 빙하의 상황이 완전히 변했어요. 겨울에 눈도 적게 오고 여름에 다 녹아버려요. 올해는 지난해에 비해 눈이 정말 조금 왔습니다. 빙하를 보면 크기가 점점 작아지는 게 보여요. 겨울마다 시내 외곽에서 스키를 타거든요. 처음 여기 왔을 때부터 눈이 쌓인 범위가 계속 줄어들고 있어요.

저는 피오르 현장에서 일하는데, 처음에 왔을 때는 해빙까지 스노모빌을 타고 갈 수 있었어요. 하지만 지금은 해빙이 없어서 주변을 이동하기가 어려울 때도 있어요. 해빙에 바로 가지 못하고 피오르를 돌아서 가야 해요. 영구동토층에 지은 집에는 균열이 생기고 있어요. 롱이어비엔에 있는 3층짜리 노란 건물은 원래 병원이었다가 아파트로 개조했는데 2016년 건물에 금이 가고 계단이 뒤틀리기 시작했고 사람이 거주하기에 안전하지 않다는 판정이 내려졌어요. 결국 30명의 주민이 떠났습니다.

집이 흔들리거나 무너지는 것을 막기 위해 이곳에선 땅 위가 아닌 기둥 위에 집을 지어요. 그러나 해마다 흔들리거나 무너지는 정도가 심해지면서 이 집도 기둥을 보수해야 했죠. 영구동토층이 많이 녹으면서 집의 수평이 틀어졌거든요. 앞으로는 집의 기둥을 더 깊이 박아야 할지도 몰라요. 시내에 새로 지은 집들은 이미 기둥을 20m 깊이까지 박고 있습니다.

과학자들은 10년이면 북극의 여름철 해빙이 모두 사라질 것이라고 예상하고 있어요. 당신이 사랑하는 북극의 삶이 지속 가능하지 않고 예측하기 어려워질 거라는 뜻이에요. 관광객들이 빙하를 보러 많이 오던데 좋은 일인가요?

여기 사는 사람들에게 일자리를 제공할 수는 있겠지만 자연에는 이롭지 않을 겁니다. 야생을 경험하기 위해 유람선을 타고 많은 사람들이 오는데요, 야생 환경이 과잉 소비되고 있다고 봐요. 야생이라고 생각하고 와도 사실 그건 야생이 아니라는 거죠.

북극의 관광산업은 지속 가능하지 않습니다. 유람선은 특히 그래요. 관광객들을 싣고 오기 위해 소비하는 화석연료만 보더라도 그래요. 전 세계에서 비행기를 타고 여기에 와서 유람선을 타요.

사람들이 해답을 찾길 바랍니다. 덜 소비하고 덜 이동하는 것이 기후위기를 막는 데 중요할 거예요. 하지만 매우 힘든 일이지요. 사람들은 늘 물건을 사고 성공을 자랑하니까요. 더 큰 차를 사고 더 많

은 것을 소비하죠. 하지만 모두가 한 번 더 생각하고 조금씩 노력한

다면 큰 도움이 될 거예요.

히스테리시스,
돌이킬 수 없는 기후위기

맥주 캔이나 콜라 캔 같은 깡통에 강한 힘을 주면 찌그러진다. 발로 세게 밟으면 형체를 알아보기 힘들 정도로 납작해진다. 깡통이 견딜 수 있는 힘의 한계를 넘어섰기 때문이다. 어떤 형체에 일정 수준 이상의 힘이 가해졌을 때 되돌아갈 수 없을 정도로 변형이 일어나는 현상, 바로 '히스테리시스hysteresis'다. 우리말로는 '이력현상履歷現象'이라고 한다.

변화를 일으킨 물질이 원래 상태로 돌아오지 않는 '비가역성irreversibility'과 같은 의미로 모두 물리학에서 많이 쓰는 용어다. 그런데 최근 기후위기를 연구하는 분야에서도 히스테리시스에 관심이 집중되고 있다. 기후위기를 비롯한 자연현상이 점점 돌이킬 수 없는 국면으로 진행되고 있기 때문이다.

인간이 배출한 인위적인 온실가스가 대기 중에 누적되면서 지구의 평균온도가 빠르게 상승하고 있다. 2022년 말 유엔 제27차 COP27(기후변화협약 당사국총회) 개최와 함께, 세계기상기구WMO는 지구의 평균온도가 산업화 이전보다 1.15℃ 올라갔다고 발표했다. 2019년 1.09℃에서, 2021년에는 1.1℃, 2022년에는 1.15℃로 상승세가 멈추지 않고 있다.

이렇게 달아오른 지구를 식히기 위해 세계 각국의 정상들은 COP27에서 막판까지 줄다리기 협상을 했다. 폐막일이 이틀이나 늦춰질 정도였는데, 핵심 쟁점은 '손실과 피해Loss and Damage'에 대한 보상 문제였다. 기후위기의 책임이 적은데도 불구하고 큰 피해를 보고 있는 개도국의 손실과 적응을 선진국이 재정적으로 도와야 한다는 것이다.

그렇다면 지금 온실가스 배출을 멈추면 피해가 줄어들까? 안타깝게도 그렇지는 않다. 산업혁명 이후 이산화탄소 농도는 끝없이 치솟았고, 전 지구 배경대기 관측소인 하와이 마우나로아에서도 2023년 기준 424ppm을 넘어섰다. 산업화 이전 280ppm, 그러니까 공기 분자 100만 개 중 280개였던 탄소가 지금은 424ppm, 100만 개 중 424개로 50% 이상 증가했다. 인간이 사용한 화석연료기 원인으로, 이산화탄소는 한 번 배출되면 수백 년간 대기 중에 체류한다.

이례적으로 많은 이산화탄소가 배출되면서 찌그러진 깡통과 마찬가지로 우리는 돌이킬 수 없는 기후재난에 직면했다. 폭염과 가뭄, 산불이 일상을 위협하고 폭풍과 홍수로 삶의 터전이 물에 잠겼다. 얼음이 사라진 북극은 기후재난의 진원지로 돌변해 한 번도 경험한 적 없는 극한 재난을 선사하고 있다. 탄소중립 없이 지금 같은 고성장을 이어간다면 지구의 이산화탄소 농도는 최대 600~700ppm까지 치솟을 전망이다.

그러나 인류가 공동의 지혜를 모아 탄소 농도를 예전만큼 줄인다고 해도 원래 기후로 돌아가기는 어려울 것이다. 기후의 히스테리시스, 즉 비가역성 때문이다. 한 번 고삐가 풀린 기후 시스템은 대기가 정상 상태를 되찾아도 한동안 비정상적인 흐름을 보이게 된다. 예측 불가능한 폭풍우 속에 우리의 미래가 침몰할 수도 있다는 뜻이다.

탄소가 최악의 수준에서 지금 농도로 돌아왔을 때 각 지역의 기온과 강수량 등 회복 탄력성을 추정해 봤더니 여전히 아프리카와 남아메리카, 동남아, 북극과 남극이 가장 취약한 것으로 나타났다. 현재 피해가 큰 지역이 미래에도 가장 큰 희생을 치를 수 있다는 의미다. 한 번 녹아버린 북극의 빙하와 영구동토층은 제자리로 돌아올 수 없다. 다시 기나긴 빙하기가 찾아오지 않는 이상 말이다. 하지만 '한동안'이라는 단서가 붙었듯 지금 행동하면 우리의 미래가 최악의 결말을 맞는 것은 피할 수 있다.

기후위기의 부조리와 불공평의 사슬을 끊기 위해서 온실가스 감축에 최대한 매진해야 한다. 앞으로 이산화탄소 농도가 450ppm

에서 500ppm, 그 이상 '티핑 포인트'라고 불리는 임계점을 넘어버리면 우리 기억 속의 기후는 사라지고 전혀 새로운 기후가 닥칠지 모른다. 마치 절벽 아래로 툭 굴러떨어지는 것처럼 말이다. COP27의 손실과 피해에 대한 첫 합의문 채택은 반갑지만 아직은 갈 길이 멀다.

흔히 과거는 되돌릴 수 없지만 미래는 바꿀 수 있다고 말한다. 그러나 낙관적으로 바라보기에 우리는 너무 멀리 와있다. 인류 역사상 유례없는 탄소 농도에, 약 1만 년 전 간빙기인 홀로세에 접어든 이후 지구의 평균기온은 사상 최고로 치솟았다. 홀로세 이전은 빙하기였기 때문에 사실상 12만 년 만에 가장 뜨거운 지구에 우리는 살고 있다. '지구 온난화의 시대the era of global warming'가 끝나고 '지구가 끓어오르는 시대the era of global boiling'가 도래한 것이다. 기후의 붕괴는 북극에서 시작돼 모두를 무너트릴 것이다. 우리의 미래를 되돌릴 수 있는, 지속 가능하고 안전한 것으로 만들고 싶다면 지금 즉시 행동해야 한다.

침몰하는 인류 마지막
'노아의 방주'

스발바르 롱이어비엔에는 전 세계적으로 유명한 장소가 있다. 지구상에 존재하는 거의 모든 나라에서 위탁받은 종자를 보관하는 스발바르 국제 종자 저장고Svalbard Global Seed Vault가 그 주인공이다. 씨앗이라는 뜻의 '시드seed'와 금고를 뜻하는 '볼트vault'를 합쳐 '시드볼트'라고 부른다.

　버려진 탄광을 개조해 만든 스발바르 종자 저장고는 세상에서 가장 안전한 금고다. 2008년부터 가동을 시작해 2023년 5월 기준 121만여 개의 종자를 위탁 보관 중이다. 종자 저장 시설은 출입구에서 무려 120m에 이르는 긴 암반층을 통과해야 나온다. 저장고는 모두 3개의 방으로 이뤄져 있는데, 가운데 방에 종자가 보관돼 있다.

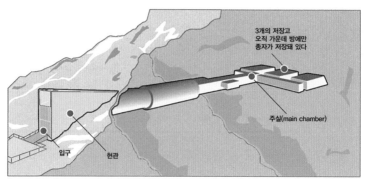

시드볼트 내부(출처: 세계작물다양성재단).

종자는 식량이고 식량은 인류의 생존을 위한 최후의 보루다. 우리나라 속담에 "농부는 굶어 죽어도 씨앗을 베고 잔다"라는 말이 있다. 아무리 힘든 상황에도 미래를 위한 씨앗은 소중히 다룬다는 뜻이 담겨있다.

제2차 세계대전 당시 러시아 바빌로프 종자 은행을 지킨 과학자들의 이야기도 유명하다. 종자 은행이 있던 레닌그라드(상트페테르부르크)에서 독일군과 긴 전투가 벌어졌다. 무려 900일 동안 독일군의 포위가 계속됐고 식량은 바닥났다. 그런 상황에서도 바빌로프 종자 은행의 과학자들은 혹독한 추위에 종자가 얼지 않도록 불을 피우고 교대로 쥐를 감시했다. 결국 31명이 굶어 죽는 최악의 파국을 맞았지만 아무도 종자에 손대지 않았다. 현재의 배고픔에 굴복해 미래를 망치지 않겠다는 굳은 의지가 느껴지는 일화다.

스발바르 종자 저장고는 현대판 '노아의 방주', '최후의 날 금고

doomsday vault'로도 불린다. 전 세계인의 생명줄이 걸려있기 때문에, 한 번 들어온 종자를 중간에 내보내는 일은 원칙적으로 없다. 지금까지 딱 한 번, 2015년 내전으로 종자가 소실된 시리아에만 금고의 문을 열어줬다. 우리가 흔히 알고 있는 '종자 은행seed bank'이 입출금이 자유로운 예금이라면 종자 저장고seed vault는 만기가 없는 종신 예금이라고 할 수 있다.

그만큼 안전도 철저하다. 지리적으로 북극 영구동토층에 위치해 정전되더라도 냉방 시설 없이 영하 18℃로 유지된다. 해발 130m 고도에 있어 해수면이 상승하더라도 침수를 피할 수 있다. 강한 지진이나 핵폭발에도 견디도록 설계됐다. 어떠한 재난 상황에도 끄떡없는 지구 최강의 요새라고 할 수 있다. 저장고에 드나들 수 있는 출입구는 단 하나밖에 없는데 그 문은 1년에 두 번 종자가 들어올 때만 열린다.

외신을 찾아보니 해외 기자들이 스발바르 종자 저장고를 취재한 내용이 꽤 있었다. 하얀 눈이 쌓인 산 중턱 종자 저장고의 모습은 숭고하면서 장엄하기까지 했다. 인류를 구원하기 위한 마지막 노아의 방주라니. 성경 속 이야기가 떠올랐다.

북극 취재를 준비하던 5월에 스발바르 종자 저장고에 이메일을 보내 섭외를 시도했다. 며칠이 지나자 친절한 답장이 왔다. 우리가 도착하는 날짜는 7월인데 저장고가 열리는 시기는 6월이라고 했다. 멀고 먼 스발바르까지 가는데 지구의 운명을 쥔 '셀럽' 격인 종자 저장고에 들어가지 못한다니! 절망의 곡소리가 터져 나왔다. 그렇다고 취재 일정을 6월로 당길 수도 없는 노릇이었다. 파리 혹은 베를린 특파원에게 요청해야 할까?

"7월에 방문한다면 너희를 환영해 줄 사람이 없어. 하지만 다른 관광객처럼 입구에서 촬영하는 것은 가능해"라는 내용이 덧붙어 있었다. 알고 보니 종자 저장고를 관리하는 세계작물다양성재단Crop Trust 사무국은 독일 본에 있었다. 종자가 들어오는 등 특별한 상황이 아니면 종자 저장고에는 직원이 상주하지 않았다.

게다가 우리가 방문하는 시기는 여름 휴가철이었다. 한국이었다면 "저희 촬영을 위해 직원 한 명만 보내주시면 안 될까요?"라고 뻔뻔하게 매달렸겠지만, 유럽에선 통하지 않는다. 안타깝지만 실내와 외경을 촬영한 고화질 영상을 제공받고 한국에서 화상 인터뷰를 진행하기로 했다.

스발바르 종자 저장고는 2016년 가을에 침수 피해를 입었다. 북극의 이례적인 고온 현상으로 눈 녹은 물이 저장고 입구에 스며든 것이었다. 당시 한 언론에 의해 이러한 상황이 보도됐고 전 세계적으로 큰 파문이 일었다. 현대판 노아의 방주가 침몰 위기에 처했다니 충격적인 소식이 아닐 수 없었다. 물론 터널 내부에 물이 스며든 것은 아니고 입구를 보강하는 공사도 진행됐지만 북극의 영구동토층이 기후위기 앞에 더 이상 안전하지 않다는 우려가 커졌다.

이런저런 구설수에 오르며 더 유명해진 스발바르 종자 저장고.

롱이어비엔에 도착하자마자 공항 근처에 위치한 저장고로 달려갔다. 영상에서 본 모습은 겨울에 촬영된 거라 눈에 덮여있었지만 우리 눈앞에는 한여름의 저장고가 있었다. 눈이 사라진 자리에는 흙과 자갈, 그리고 작은 풀들이 무성하게 자라고 있었다. 굳게 닫힌 문을 두드려 봤지만 정말 아무도 없었다.

결국 종자 저장고의 외관을 실컷 촬영한 뒤 온마이크를 잡고 돌아서려고 할 때였다. 멀리서 관광객을 실은 버스가 멈추는 광경이 보였다. 정말 세계적인 명소인 건 맞나 보다. 인터뷰를 할까 하고 기다리는데 관광객들은 종자 저장고 표지판 앞에서 사진만 찍고 사라졌다.

오기가 생겨 조금 더 기다리다가 운 좋게 개인 여행자들을 만날 수 있었다. 중국과 폴란드 관광객이었는데 손짓, 발짓 다 써서 인터뷰를 할 수 있었다. 어쩌면 인류 최후의 금고를 보러 여기까지 온 것도 '둠스데이' 투어라고 할 수 있지 않을까? 영구동토층이 녹거나 무너지면 스발바르 종자 저장고도 더 이상 안전하지 않다. 남극의 빙상 깊은 곳으로 옮겨야 하나. 이곳 스발바르 종자 저장고에 마지막이란 단어가 존재하지 않길 기도했다.

2016년 영국의 《가디언The Guardian》은 기후위기로 사라질 수 있는 여덟 가지 음식으로 커피, 초콜릿, 메이플 시럽, 해산물, 옥수수, 콩, 체리, 와인을 꼽았다. 우리가 너무나 사랑하는 음식들로, 나는 특히 커피와 와인만 있다면 무인도에 가도 견딜 수 있을 것 같다. 사라지기 전에 실컷 먹어야지 하는 생각이 들 수도 있지만, 이렇게 맛있는 음식을 우리만 맛볼 수 있게 된다면 너무 이기적인 거 아닌가?

우리 세대가 나이 들 때까지 충분히 누릴 수 있을 거라는 보장도 없다. 이상기후로 농업은 더 큰 타격을 입고 농작물의 가격은 점점 상승할 것이다. 머지않아 커피와 와인은 부유층만 맛볼 수 있는 아주 귀한 음식이 될지 모른다. 커피 애호가라면, 와인 애호가라면 기후위기를 지금 당장 막아야 할 이유가 충분하다. 더욱 불행한 건 우리 후손들이다. 먼 미래에 그들은 종자 저장고에 보관된 커피나무 씨앗을 발아시켜 재배하기 전까지 커피 맛을 모르고 살 테니까.

국제 식량 안보를 위협하는 가장 큰 요인은 무엇이라고 생각하시나요?

국제식량안보를 위협하는 요인들은 많습니다. 우리가 지금 목격하고 있듯이 전쟁과 분쟁일 수도 있죠. 전쟁과 분쟁은 향후 식량 안보에 장기적으로 어떤 영향을 미칠지 예상할 수 없습니다. 그러나 확실히 말할 수 있는 것은 기후변화가 명백히 큰 위협이자 큰 도전이라는 겁니다.

전 세계적으로 많은 종자 은행이 있지만, 특히 스발바르 종자 저장고는 가장 안전한 곳으로 불립니다. 이유가 뭔가요?

스발바르 종자 저장고는 전 세계 유전자 은행에 보관된 작물이 소실될 경우를 대비해 보험을 제공합니다. 2차 보안용 백업이라고 생각하면 됩니다. 종자 저장고에는 이미 식물 품종 6만여 종의 종자 표본 120만 개 이상이 안전하게 보관돼 있습니다. 한국의 식물 품종 87종의 종자 표본 3만여 개도 종자 보관고에 있죠. 북한도 식물 품종 94종의 종자 표본 9,000여 개를 맡겼습니다.

 스발바르가 선택된 데는 여러 가지 이유가 있습니다. 추운 기후와 영구동토층 덕분에 이 지역은 지하 냉장실로 완벽한 장소입니다. 주변을 둘러싼 사암[모래가 쌓여 만들어진 퇴적암]은 건물을 짓기에 안정적이고, 방사능 수치도 낮습니다. 보안 측면에서도 세계 다른 유전자 은행과 비교해 높은 점수를 받고 있고요. 매일 항공편이 있고 믿을 만한 에너지 자원이 있어서 인프라도 좋지요. 종자 저장고는 놀랍게도 바위 속을 120m 뚫고 들어간 곳에 위치해, 기계적인 냉각 시스템이 고장 나거나 기후변화로 외부 압력이 증가해도 자연적으로 냉동 상태를 유지합니다.

2016년 터널 입구가 침수됐다고 들었는데 당시 상황이 어땠나요?

종자 저장고를 설립한 초반에 얼음이 녹는 해빙기 동안 터널 입구에 작은 누수가 있었습니다. 2016년 가을에도 폭우로 인한 누수가 있었고요. 종자 저장고를 둘러싼 영구동토층은 원래 예상만큼 역할을 다하지 못했습니다.

2018년과 2019년에 종자 저장고의 설비를 보강하고 개선하는 작업이 이뤄졌습니다. 후회하는 것보다 안전한 것이 나으니까요. 공사의 목적은 향후 잠재적인 날씨와 온난한 기후 조건에 견딜 수 있는 저항성을 확보하는 것이었습니다.

추가로 말씀드리고 싶은 것은, 지난 15년간 저장고에 있는 종자들은 한 번도 위험에 처한 적이 없다는 점입니다. 침수된 곳은 단지 터널 입구뿐이었고 터널 끝에 있는 냉장실은 아니었어요. 이곳은 항상 절대적으로 안전했습니다.

러시아의 폭격으로 우크라이나 종자 은행이 피해를 입었다는 보도가 나왔습니다. 어떤 상황이었나요?

미디어와 유튜브에서 우크라이나 중앙 유전자 은행이 파괴되었다는 보도가 있었죠. 그렇지만 우리가 알아본 바에 의하면 이 정보는 잘못된 것입니다. 우크라이나에 있는 실험용 농업 연구 기지 한 곳이 공격받았을 뿐 우크라이나 중앙 유전자 은행과 종자는 모두 안전합니다. 우리는 유럽과 우크라이나에 있는 동료들과 연락하면서 유전자 은행이 피해를 입지 않도록 노력할 겁니다.

전쟁 중이더라도 종자 저장고를 지키기 위한 국제적인 합의가 필요하지 않을까요?

국제사회가 전쟁 중 유전자 은행과 식물 유전자원을 보관하고 있는 시설에 대한 어떤 파괴도 허용하지 않는다는 합의를 한다면 대단히 좋을 겁니다. 예를 들어 병원을 폭격하지 않는 것처럼 말이죠. 이와 같은 수준의 엄격한 보호가 있어야 합니다. 정말 옳은 말씀입니다.

최근 밀이나 옥수수 등 식량 가격이 치솟고 있습니다. 앞으로 기후위기가 식량 안보를 더 위협할 것으로 보이는데, 어떻게 대비해야 할까요?

지금 전 세계 식량 시장에서 목격되는 가격 상승은 우리의 식량 시스템이 얼마나 취약한지 보여줍니다. 동시에 식량을 더욱 다양화해서 새로운 상황에 대응할 수 있도록 진지하게 고민해야 한다는 점을 시사하죠. 전 세계는 서로 연결돼 있으며 인류의 식량 시스템은 이미 기후변화의 영향을 받고 있습니다.

예를 들어 최근 인도의 폭염은 작물과 식량 시스템이 기후변화에 얼마나 취약한지를 보여주는 사례입니다. 인류 전체는 전 세계 유전자 은행에서 유지되는 작물의 유전적 다양성에 의존하고 있습니다. 종자 저장고는 이러한 다양성이 사라질 때를 대비한 최후의 방어선입니다.

식물 육종에서 절대적으로 중요한 것은 다양성입니다. 각각의 작물이 가진 과거의 모든 상업적 품종과 농부의 전통적인 품종, 그리고 작물과 관련된 야생 식물 모두를 의미합니다. 이 모든 것이 유전자 은행에 보관돼 있어요. 우리는 이러한 다양성이 유전자 은행 안에만 보관되는 것이 아니라 전 세계 연구자들과 식물 육종가, 농부들이 사용할 수 있도록 할 필요가 있습니다.

3장

천국행

경비행기에 오르다

니알슨 과학기지촌의
숨 가쁜 3박4일

롱이어비엔에서 6박7일의 일정을 보낸 뒤 드디어 다산기지가 있는 니알슨으로 출발을 앞두고 있었다. 니알슨 역시 스피츠베르겐 섬에 위치하고 있는데, 위도는 롱이어비엔보다 조금 높은 북위 79도에 이른다. 이번 출장이 2002년 처음 문을 연 다산기지 20주년에 맞춰 기획된 거라 초심으로 돌아가는 기분도 들었다. 아쉽게도 항공사 파업으로 출발 일정이 늦어지면서 연구자 대부분이 다산기지를 떠난 상태였고 체류 기간도 3박4일로 짧아졌다.

니알슨을 오가는 프로펠러 경비행기는 롱이어비엔 공항에서 탈 수 있다. 노르웨이 항공사인 루프트트랜스포트가 1주일에 두 번 니알슨 킹스베이 과학기지촌을 오가는데, 북극의 날씨가 워낙 변화무

쌓여서 결항이 잦다고 했다. 촬영 장비를 부치고 공항 대기실에서 잠시 숨을 돌리고 있는데 검은 점퍼를 입은 사람들이 보였다. 어디에서 왔냐고 묻자 영국의 극지연구기관인 BASBritish Antarctic Survey 소속이라고 답한다.

북극 니알슨으로 향하는 과학자들이라니 딱 원하는 장면이었다. 마이크를 켜고 즉시 인터뷰를 시도했다. 왜 북극에 왔는지 간단한 녹취를 따고 대기실에서 창밖을 내다보는 모습을 스케치하기만 하면 완벽했다. 그런데 갑자기 그들의 얼굴이 굳어지더니 인터뷰를 하려면 허가를 받아야 한다고 하는 것 아닌가. 일행 중 한 명이 누군가와 한참 통화를 하더니 "미안" 하며 쿨하게 거절했다.

어찌나 당황스럽던지. 영국 억양이 잘 안 들렸는데도 불구하고 용기를 냈는데, 후배들 앞에서 나의 짧은 영어가 유난히 부끄러운 날이었다. 잠시 침묵이 흘렀다. 비행기 도착은 왜 이리 더딘지. 대기실이 너무 좁아서 다른 자리로 피할 수도 없었다. 얼굴에 철판을 깔고 그냥 버틸 수밖에.

마침내 주위가 소란스러워지면서 프로펠러가 달린 작은 경비행기가 도착했다. 귀여운 비행기를 보는 순간 복잡한 감정이 한순간에 정리됐다. 바람 불면 마구 흔들려서 생명의 위협을 느낀다던 그 비행기였다. 롱이어비엔에서 니알슨까지 20분 정도면 도착한다고 했다. 좌석은 14개에 불과했는데 촬영기자들은 미리 전해 들은 명당 좌석을 선점해 카메라를 돌리느라 정신이 없었다.

　땅에서 빙하를 볼 때와는 전혀 다른 앵글로 내려다보니 헬기 촬영을 나온 기분이었다. 산 정상에서 쓸려 내려오는 빙하의 동선이 고스란히 보였다. 바다는 온통 시뻘건 색으로 물들어 있었다. 여기가 지구 맞나? 화성인가? 이색적인 풍경을 바라보느라 시간이 금방 흘렀다. 비행시간이 더 길어도 좋을 텐데. 마치 서울에서 대전행 KTX를 탔을 때처럼 살짝 아쉬움이 느껴졌다.

　경비행기는 곧 니알슨에 도착했고, 착륙할 때 살짝 덜컹거린 것 빼고는 순탄한 여행이었다. 공항에서 킹스베이 과학기지촌까지 셔틀버스가 운행하는데 이유경 극지연구소 박사가 마중을 나왔다. 어찌나 반가운지 두 손을 부여잡았다. 롱이어비엔에서 남승일 극지연구소 박사와 최경식 서울대 교수가 은인이었다면 니알슨에는 이유

경 박사가 있었다. 이유경 박사는 북극의 생태를 연구하는 생물학자로 2022년 여름 연구원들을 이끌고 다산기지에 머물고 있었다.

니알슨 역시 롱이어비엔과 마찬가지로 과거 탄광촌으로 번성했다. 그러나 1948년 큰 폭발로 15명이 사망하고 1962년에는 25명이 고립되는 등 사고가 잇따랐다. 1926~1962년까지 36년간 사고로 희생된 사람은 84명에 달했다. 결국 1963년에 탄광은 모두 문을 닫았다.

탄광 시설은 문화유산으로 지정돼 보존되고 지금의 과학기지촌이 들어섰다. 북극을 연구하는 과학자라면 누구나 한 번쯤 가보고 싶은 버킷 리스트로 화려하게 변신한 것이다. 해가 지지 않는 한여름이면 과학자들이 몰려들어 거주민이 150명까지 늘어나지만, 캄캄

한 암흑기인 겨울에는 45명으로 줄어든다. 북극점까지 거리는 약 1,231km 떨어져 있다.

킹스베이 과학기지촌에 도착하자 가장 먼저 아문센의 동상이 보였다. 노르웨이 아이들이 태어나서 가장 먼저 읽는 위인전이 아문센 전기일 정도로 국민 영웅 대접을 받는다고 한다. 우리나라로 치면 이순신 장군이나 세종대왕을 떠올리면 될 것 같다. 오슬로에서도 아문센 동상을 볼 수 있었고, 심지어 '아문센 AMUNDSEN'이라는 아웃도어 브랜드가 있다는 사실도 처음 알게 됐다.

킹스베이 기지촌에 도착하자 빨간색, 노란색, 파란색 등 원색으로 칠해진 알록달록한 목조 건물들이 인상적이었다. 과학기지촌은 '킹스베이Kings Bay'라는 노르웨이 국영회사가 관리를 맡고 있으며 우리나라를 비롯해 10개 국가에서 과학기지를 운영하고 있다. 종주국이나 다름없는 노르웨이는 기지 2개를 운영하고 있었다. 그러나 기지가 들어선 순서는 독일(1990)과 일본(1990)이 가장 빠르고, 영국(1991), 네덜란드(1995), 이탈리아(1997), 노르웨이(1999), 프랑스(1999), 한국(2002), 중국(2004), 인도(2008) 순이다.

우리나라는 1999년 중국 쇄빙선 설룡호의 북극 탐사에 참여한 것을 시작으로 2002년 4월 국제북극과학위원회IASC에 열여덟 번째 정회원국으로 가입했다. 그리고 같은 해에 니알슨에 다산기지라는 보금자리를 마련했다. 북극 연구의 전초 기지이자 교두보를 마련한 것이다.

다산기지 건물은 프랑스 기지와 반씩 임차해 사용하고 있었다. 입구에서 자칫 방향을 헷갈리면 프랑스 기지로 향하게 된다. 유난히

방향 감각 없는 '길치'인 나는 여러 번 그런 일을 겪었다. 눈앞에 갑자기 프랑스어가 펼쳐지곤 했는데 누군가를 마주치면 "봉주르" 하고 얼른 돌아 나왔다. 기지 안에 들어갈 때도 1층 현관에서 신발을 벗어야 했다. 야외 작업이 많은지라 신발에 묻은 흙을 털어주는 기계가 있는 모습이 인상적이었다.

다산기지는 2층 건물로 1층에는 연구실, 2층에는 숙소가 있다. 방마다 2층 침대가 있고 전체 수용 인원은 12명이었다. 다산기지에 오기 전에는 숙소가 꽉 차서 주변 호텔을 잡아야 할 수도 있다는 얘기를 들었다. 그러나 우리가 도착했을 때는 북적이던 기지에서 연구원들이 썰물처럼 빠져나간 뒤였다. 꿈도 꾸지 못한 전망 좋은 독방이 우리를 기다리고 있었다. 웃어야 할지 울어야 할지 모르겠지만 이 또한 즐겨야지.

되돌릴 수 없는 미래

빙하기에도 살아남은
강인한 북극 식물

이유경 박사의 생태팀 연구원들이 떠나기 전에 급하게 붙잡아서
식물 채집을 나갔다. 연구원 3명은 오후에 니알슨을 떠날 예정이
었다. 하루만 더 있어달라고 하고 싶었지만 차마 그럴 수 없었다.

청명한 날씨에 바람이 얼마나 강하게 부는지. 초속 30m의 태풍
급 바람이 몰아쳤다. 귀마개가 달린 털모자 사이에서 삐져나온 머리
카락이 매섭게 뺨을 때렸다. 마치 기수가 말을 몰 때 채찍을 휘두르
는 것처럼 눈물이 찔끔 날 정도였다. 이래서 극지연구소에서 대여해
주는 모자가 '귀달이' 모자였구나. 머리카락을 모자 안으로 꾹꾹 밀
어 넣고 턱끈을 단단히 조였다.

북극의 여름은 야생화의 천국이다. 몸을 낮추고 고개를 숙여야

비로소 경이로운 생명과 마주할 수 있다. 무신경하게 앞만 바라보고 걷다간 발밑의 거대한 세계를 놓치게 된다. 〈시사기획 창〉 '고장 난 심장, 북극의 경고' 편에는 내가 북극의 식물을 직접 먹어보는 장면이 나온다. 주인공은 '나도수영*Oxyria digyna*'이었다. 잎이 하트 모양인데 비타민C가 많아서 새콤한 맛이 났다. 북극의 원주민도 이 식물을 통해 비타민을 공급받았다고 한다.

북극의 버드나무라고 할 수 있는 '북극이끼장구채*Silene acaulis, Moss Campion*'는 바닥에 딱 붙어있었다. 바람이 거세고 땅 밑은 얼음이라 몸을 낮추고 뿌리를 얕게 뻗어 자라는 식물이다. 같은 북극이어도 위도가 낮은 시베리아나 알래스카는 영구동토층이 더 깊은 곳에 있어서 나무가 자랄 수 있다.

북극의 작지만 강인한 식물들, 하나하나 이름이 붙어있다는 사실이 놀라웠다. 우리나라 질경이와 비슷한 '씨범꼬리*Bistorta vivipara*'는 추위를 피해 땅속에서 성장을 모두 마친 뒤 흙 밖으로 나온다. 목화솜처럼 하얗고 부드러운 솜뭉치를 달고 있는 '북극황새풀*Eriophorum scheuchzeri ssp. arcticum*'은 북극의 툰드라 습지에서 가장 흔하게 볼 수 있는 식물이다. 롱이어비엔에 있던 우리 숙소 주변에도 많았는데, 촉감이 너무 보드라워서 나도 모르게 코를 대고 비비기도 했다. 민들레처럼 솜털에 달린 씨앗을 바람에 실어 퍼뜨린다. 북극의 여름은 6월부터 8월까지로 짧기만 한데, 1년 중 겨우 2~3개월이라는 짧은 시간 동안 싹을 틔우고 꽃을 피운 뒤 씨까지 맺어야 하니 보통 분주한

게 아니다.

다들 생활력이 억세지만, 북극의 '생존왕'이라고 부를 수 있는 식물들이 있다. 첫 번째 주인공은 고생대 실루리아기에 나타난 양치식물 '북극다람쥐꼬리*Huperzia arctica*'다. 고생대라면 거대한 고사리가 숲을 이루고 삼엽충이 가득하던 그 시절? 소나무 이파리처럼 생겨 석송 식물이라고도 부르는데 포자로 번식한다. 순록의 좋은 먹이이기 때문에 북극 생태계에서 중요한 자리를 차지하고 있다.

두 번째 주인공은 북극에서 가장 흔히 볼 수 있는 '담자리꽃나무'다. '드라이아스 옥토페탈라*Dryas Octopetala*'라는 학명의 장미과 식물로

담자리꽃나무.

백두산에서도 자라는 고산식물이다. 노란색 꽃술 주변에 하얀색 꽃잎이 달려있다. 풀처럼 보이지만 이름에서 알 수 있듯 엄연한 나무로 마지막 빙하기 때 유럽에 널리 퍼져있었다.

가장 최근의 빙하기는 지금으로부터 11만 년 전 신생대 제4기 플라이스토세에 시작돼 10만 년 가까이 지속됐다. 1만2,000년 전에 빙하기가 완전히 끝나고 지금까지 온화한 간빙기가 이어지고 있다. 하지만 같은 빙하기라고 해도 엄청나게 추운 시기와 덜 추운 시기가 존재했다.

지구가 냉동실처럼 추웠던 2만 년 전 '마지막 최대 빙하기LGM, Last Glacial Maximum'가 지나고, 1만5,000년 전에는 기온이 오르며 빙하가 녹기 시작했다. 이때 추운 기후를 좋아하는 담자리꽃나무는 서서히 고위도로 물러났다.

그런데 북극의 빙하를 시추해 분석한 결과 1만2,800년 전을 기점으로 담자리꽃나무의 꽃가루가 폭발적으로 발견되기 시작했다. 고위도로 쫓겨 간 담자리꽃나무에게 제2의 전성기가 찾아온 걸까? 정말 그랬다. 끝난 줄 알았던 빙하기가 갑자기 지구를 덮친 건데, 이 시기를 담자리꽃나무의 이름을 따서 '영거 드라이아스Younger Dryas'기라고 부른다.

영거 드라이아스기는 1,000년 정도 계속되며 빙하기의 '뒤끝'을 확실히 보여줬다. 이때 지구의 평균기온이 지금보다 3~4℃ 떨어졌다. 산업화 이후 지구의 평균기온이 1.15℃ 올랐는데 우리가 겪고 있는 변화를 생각해 보면 3~4℃가 얼마나 큰지 짐작할 수 있다.

원인은 '대양대순환Oceanic Conveyor Belt'으로 불리는 해류 순환의 약화로 추정된다. 북대서양 그린란드 주변에서는 차갑고 염분이 높은 바닷물이 심해로 가라앉는다. 겨울철 바닷물이 얼면서 해빙이 만들어질 때 소금 성분만 남기 때문에 염분이 높아진다. 바닷물의 염분이 높을수록 무거워지고 심해로 가라앉는다. 대양대순환은 바닷물의 수온(열)과 염분에 의한 밀도 차이가 핵심 동력이 되기 때문에 '열염순환Thermohaline Circulation'이라고도 부른다.

심해의 바닷물은 인도양과 태평양으로 퍼져나가며 데워지고 온도가 서서히 상승해 다시 그린란드로 돌아간다. 전 지구의 바다를 한 바퀴 돌며 열을 순환시키는 '컨베이어벨트' 역할을 하는 것이다. 그린란드에서 차가운 바닷물이 가라앉으면 그 자리로 따뜻한 멕시코 만류가 밀려들어 안 그래도 추운 북극이 더 추워지는 것을 막아준다. 태평양으로 흘러간 차가운 해류는 적도가 펄펄 끓지 않도록 열을 식혀준다. 우리 몸에 흐르는 혈액처럼 대양대순환은 지구의 체온을 균형 있게 유지해 줬다.

그런데 북극에 엄청난 양의 담수(민물)가 유입되면서 어느 날 갑자기 대양대순환이 멈추고 영거 드라이아스기가 찾아온 것으로 추정된다. 담수는 염분이 낮아서 바다 깊은 곳으로 잘 가라앉지 않는다. 북반구 대륙은 또다시 얼음으로 뒤덮이고 생명의 온기는 사그라들었다. 이런 시기를 배경으로 제작된 영화가 바로 2004년 개봉한 〈투모로우The Day After Tomorrow〉다. 대기과학을 전공한 입장에서 흥미로운 영화였고 기사에 인용한 적도 많다.

영화 속 기후변화의 과정이 엄청나게 빠르고 과장돼 있긴 하지만 어차피 영화란 원래 그런 것 아닌가. 러닝타임이 수천 년으로 늘어날 수는 없으니까. 과거 영거 드라이아스기에도 그랬듯 실제로 충분히 벌어질 수 있는 일이라는 점에 기후학자들은 동의한다.

인류의 조상은 여러 차례의 빙하기와 간빙기를 거치며 살아남았다. 지금의 인류는 빙하기 구경도 하지 못한 채 신생대 제4기 홀로세의 우호적인 기후 속에서 살아가고 있다. 과연 우리 몸속 깊은 곳에 빙하기를 견딜 수 있는 DNA가 남아있을까? 확실한 점은 담자리꽃나무에게는 과거에도 그랬고, 지금도 그런 능력이 고스란히 남아있다는 것이다.

그러나 생존왕 담자리꽃나무를 가장 심각하게 위협하고 있는 것은 인류가 초래한 기후위기다. 북극이 따뜻해지고 비가 많이 오면서 툰드라 식물들이 벼랑 끝에 몰린 것이다. 서식지가 북상한다고 해도 그 끝은 차가운 북극해다. 북극곰은 걷고 헤엄칠 수라도 있지만 식물은 발이 없다. 그 끝은 멸종뿐이다.

이유경 박사 팀은 스발바르의 식물 분포를 드론으로 촬영해 3차원 생태지도를 만들고 있다. 위성과 인공지능을 활용해 북극의 식생을 실시간으로 파악할 수 있는 기술도 개발하고 있다. 식물마다 고유한 파장이 있어서 우주에서 찍은 위성사진을 통해 식별할 수 있는데 기후위기에 따라 식물의 분포가 어떻게 변하는지 모니터링하기 위해서다. 이는 분명 멸종 위기에 처한 식물을 보호하는 데 큰 도움이 될 것이다.

이유경 박사는 과학적 연구뿐만 아니라 사라져 가는 북극의 식물을 한국어로 기억하는 작업도 진행했다. 다산기지로 향하는 길에 날씨 악화로 경비행기가 결항된 것이 발단이었다. 시간이 남아서 우연히 식물 사진을 찍었고 식물 사진이 쌓여갈수록 우리말 이름이 없다는 점이 마음에 걸렸다. 국내에는 1980년대에 만든 노르웨이 도감뿐이라는 사실도 알게 됐다.

연구자들은 식물의 이름을 짓기 위해 밤늦도록 토론했고 그 결과 한국어 이름을 붙인 북극 식물도감이 탄생했다. '북극황새풀' 같은 귀여운 이름이 탄생하게 된 배경이다. 이유경 박사의 식물도감은 한국어와 영어로 출판됐고 킹스베이 기지촌 기념품 가게에서도 판매되고 있었다.

이름 없던 북극의 낯선 생명이 이유경 박사 덕분에 우리에게 다가와 꽃이 됐다. 이름을 알게 된 이상 북극 식물의 멸종을 방관할 수는 없지 않은가. 빙하기를 견딘 강인한 그들이 인류라는 존재 탓에 역사의 뒤안길로 퇴장하도록 놔둘 순 없다.

스발바르 식물 198종 중 23%에 해당하는 46종이 멸종위기종으로 지정돼 있다. 샛노란 꽃을 피우는 월란드미나리아재비의 경우 스발바르 고유종이지만 2008년 기준 서식지에서 27개체밖에 확인되지 않았다. 아마 지금쯤 사라졌을지도 모른다. 북극 식물의 운명은 인공호흡기를 달고 있는 중환자처럼 위태롭기만 하다. 멸종을 코앞에 두고 있는 북극 식물의 종자는 종자 은행에 보관하거나 트롬쇠에 있는 북극고산식물원에서 보호하고 있다.

휴대전화
사용 금지라고요?

남극의 세종기지와 장보고기지는 1년 내내 사람이 머무는 상주기지다. 반면 북극의 다산기지는 여름에만 연구자가 오가는 곳으로 기지를 지키는 기술원 한 명만 겨울을 난다. 우리가 방문한 시기는 코로나19, 특히 오미크론 변이가 절정인 때였다. 기지촌 전체적으로 사람이 적었고 일본과 중국 기지는 텅 비어있었다. 동양 사람은 거의 우리뿐이었다.

다산기지에 방을 배정받고 가장 먼저 코로나19 검사부터 했다. 롱이어비엔과 달리 기숙사처럼 공동생활을 하는 곳이라 매일 아침 자가진단키트로 검사했다. 음성임을 확인한 뒤에는 킹스베이 기지촌의 커뮤니티 센터이자 식당이 있는 건물로 향했다. 다산기지 코앞이었다. 금강산도 식후경이라고, 자고로 식당이 가깝다는 것은 좋은 신호였다.

진정한 지구 최북단인 니알슨을 상징하듯 입구에 커다란 북극곰 박제가 서있었다. 두 발로 선 키가 나보다 컸다. 실제로 만나면 엄청 무섭겠지? 북극곰과 조우하지 못한 아쉬움을 북극곰 박제와 사진을 찍으며 달랬다.

리셉션에선 코로나19 진단키트와 약품을 받을 수 있다. 식당에 들어가기 전에는 입구에서 신발을 벗어야 했는데 완전 한국 스타일이어서 익숙하고 편안했다. 겉옷을 옷걸이에 걸고 손도 씻어야 했다. 야외의 먼지가 들어오는 것을 막고 위생을 철저하게 하기 위해서다.

식당으로 들어가자 뷔페식으로 준비된 음식이 보였다. 샐러드와 파스타, 빵, 과일, 훈제연어 등 기대하지 않았던 만찬에 눈이 번쩍 뜨였다. 접시 가득 음식을 담아서 먹고 신선한 커피까지, 천국이 따로 있을까. 야생을 헤매며 햇반과 컵라면으로 허기를 달래던 생활에서 안락한 독방과 맛있는 음식이 있는 숙소로! 이건 세

끼가 포함된 럭셔리 호텔팩이다.

식당에서 보이는 풍경은 푸른 하늘과 초원이었다. 멀리 만년설이 덮인 산과 빙하까지 시야에 들어왔다. 세상 어느 곳에 이런 전망의 식당이 있을까? 그동안의 맘고생, 몸고생이 한순간에 증발했다. 다산기지에 오래오래 머물고 싶은 마음이 간절해졌다. 나중에 들은 얘기지만, 우리가 머무는 동안 노르웨이에서 음식을 실은 보급선이 들어왔다고 한다. 어떤 시기에는 통조림 음식만 먹다가 돌아가기도 한다는데, 운이 좋은 게 분명했다.

다산기지에서 딱 하나 엄격한 규칙이 있다면 바로 통신기기와 무선장비의 사용이 금지된다는 점이다. 기지 안에 있는 연구 장비에 오류나 장애가 발생할 수 있기 때문이다. 휴대전화와 무선 인터넷(와

이파이), 블루투스, 무선 마이크wireless mic, 드론이 모두 포함됐다.

커뮤니티 센터 게시판에는 언제, 어디에서 와이파이 사용이 발각됐다는 엄중한 경고장이 붙어있었다. 잠깐이라도 와이파이를 켰다가는 나라 망신이라는 생각에, 다산기지에서의 3박4일 동안 '디지털 디톡스'를 철저하게 실천하기로 결심했다.

휴대전화는 그렇다 치고, 당장 인터뷰할 때 쓰던 무선 마이크를 사용할 수 없다는 점은 불편했다. 아날로그 시절로 돌아간 듯, 회사 로고가 찍힌 파란색 유선 마이크를 카메라에 연결한 채 인터뷰를 진행했다. 선 길이에 제한이 있기 때문에 상대와 매우 가까운 거리에서 마이크를 들이댔다. 서로 부담스러운 상황이었지만 규칙은 규칙이니 지켜야 했다.

다산기지에서 연구 활동을 나갈 때는 반드시 무전기와 총기를 휴대해야 한다. 스발바르에서는 북극곰을 경계하기 위해 총기 사용이 필수다. 롱이어비엔에서는 안전요원을 고용해 함께 다녔지만 니알슨에서는 연구자들이 최소 2명 이상 동행하며 총기를 들고 다녀야 했다.

우리보다 일찍 도착한 생태팀 연구원들도 총기 허가를 받았다기에 나도 도착하자마자 총기 교육을 신청했다. 이론 2시간, 실기 2시간 등 총 4시간의 교육을 이수하면 된다. 아무래도 군필자가 유리하겠지만 여성도 집중만 하면 충분히 통과할 수 있다고 했다.

총기 허가증이 있으면 총은 리셉션에서 대여할 수 있다. 영화에 나오는 사냥총처럼 길쭉한 장총과 작고 날렵한 소총 세트였다. 다산 기지에서 대여한 총을 한번 어깨에 메봤는데 꽤 묵직했다. 어쩌나 긴장되던지. 총알은 10발이고 공포탄 4발이 들어있었다. 총알은 미리 장전해선 안 되고 따로 지니고 다녀야 한다.

헤드폰을 쓰고 멋지게 총 쏘는 모습은 막 찍어도 근사한 '그림'이 될 것 같았다. 군대에 안 다녀온 나에게는 특히 엄청난 경험이 되지 않을까. 당시 전직 특수부대원들이 경쟁하는 프로그램을 즐겨 보던 때였다. 생각만으로도 가슴이 뛰었다.

그러나 어처구니없는 일이 생기고 말았다. 보급선이 싣고 온 신선한 과일에 정신이 팔려 밥 먹는 시간이 길어지면서 총기 교육 시간을 놓치고 만 것이다. 5분 정도 지난 사실을 알고 2층 교육실로 허둥지둥 달려갔지만 문은 굳게 닫혀있었다. 똑똑 노크를 하고 문을 열자 작은 방에 교육생은 겨우 2명뿐이었다. 한 명은 롱이어비엔 공항 대기실에서 만난 낯이 익은 과학자였다.

늦어서 미안하다고 사과하고 쓰윽 들어가려 했지만 이미 시작해서 들어올 수 없다는 대답이 돌아왔다. 이 장면을 촬영하기 위해 아주 먼 곳에서 왔다고 사정해도 강사는 다음 교육을 신청하라며 단호하게 선을 그었다. 신이시여! 우리를 쳐다보는 다른 교육생들의 눈에 '쟤네, 뭐야' 하는 빛이 서렸고 내 얼굴에는 부끄러움이 드리웠다. 모든 게 내 잘못이니 어쩔 수 없었다. 다음 교육을 알아보니 우리가 니알슨을 떠난 뒤였다. 그렇게 나는 액션 영화의 주인공이 되려던 꿈을 허무하게 접고 말았다. 맛있는 음식과 대화의 희열은 그만큼 강렬하다.

킹스베이 기지촌을 방문했을 때는 다산기지에 사람이 거의 없는 상황이었다. 따라서 다산기지 일정은 해외 연구자에게 초점을 맞춰야 했다. 다행히 북극 이사회 이사이자 북극 모니터링 평가 프로그램 한국 대표를 맡고 있는 이유경 박사가 도와줬다. 우리가 도착하기 전부터 독일 기지와 이탈리아 기지 등을 직접 방문해 촬영 일정을 조율해 준 것이다. 평소 친분이 돈독하기에 가능한 일이었다.

이유경 박사의 스케줄링 덕분에 오전, 오후로 일정을 조밀하게 나눠 각 나라의 기지를 방문할 수 있었다. 우리가 머물던 그 짧은 기간에 세계자연기금WWF의 '바다코끼리wallrus 포럼'까지 열려 기지촌에 있던 과학자를 한자리에서 볼 수 있었다. 식당에서 보던 밝고 유쾌한 얼굴과는 다른, 엄청나게 진지한 그들의 모습은 충격이었다. 연구에 대해 서로 의견을 나누고 조언하고 격려하는 분위기가 사뭇 뜨거웠다. 이런 게 바로 과학자들의 연대이자 우정일까?

이유경 박사도 한국을 대표해 이런저런 질문을 던졌고 공동 연구를 제안하기도 했는데 어찌나 자랑스럽던지. 분량이 넘치는 바람에 이 부분은 짧은 인터뷰를 하나 쓰는 데 그쳤지만, 여러모로 심장이 두근거리는 경험이었다.

아이 러브 에스프레소!
이탈리아 기지의 초대

다산기지에 있을 때 가장 친절했던 기지를 꼽는다면 주저 없이 이탈리아라고 대답할 것이다. 이탈리아 기지 마르코 카술라 대장은 이유경 박사와 친분이 두터웠고 우리에게도 호의적이었다. 이탈리아 기지에 초대받아서 방문했을 때는 실험실뿐만 아니라 숙소와 주방 곳곳을 구경했다. 프랑스와 기지를 나눠 쓰는 우리와 달리 어찌나 널찍하던지. 남부 유럽인 이탈리아가 노르웨이보다 일찍 북극 기지를 짓고 다양한 연구를 하고 있다는 사실이 놀라웠다.

　이탈리아 기지의 주방은 우리나라에서 보던 이탈리아 음식점과 너무 비슷했다. 초록색, 흰색, 빨간색의 이탈리아 국기가 걸려있는

데다 커피 향과 피자 냄새까지 스며있었다. 주방에선 연구자들이 이야기를 나누고 있었다.

내 입에서 갑자기 에스프레소와 마르게리타 피자를 좋아한다는 말이 튀어나오자 무척 반가워했다. 다산기지에 조금만 더 머물렀다면 이탈리아 기지의 피자 파티에 초대받았을 거라는 얘기가 나왔을 만큼 그들은 따뜻하고 친절했다.

이탈리아 과학자들이 야외 조사를 나간다고 해서 동행했다. 올가 박사는 초록색으로 변한 북극에서 식물의 광합성이 얼마나 증가하고 있는지를 연구하고 있었다. 시베리아에선 툰드라 그리닝 현상으로 식생이 늘어나고 있지만 고립돼 있는 스발바르에서는 아직 체감할 정도는 아니라고 했다. 그러나 온도 상승 폭을 보면 녹지화되는 것은 시간문제고 전 지구 탄소순환에 영향을 미칠 거라고 했다. 다만 전체적인 '탄소 예산carbon budget'에서 플러스가 될지 마이너스가 될지 예측하는 일은 복잡하다고 설명했다. 탄소 예산이란 지구 평균 기온 상승을 산업화 대비 1.5℃ 이내로 억제하기 위해 남은 탄소의 배출량을 의미한다. 언론에서는 탄소 예산이 몇 년 뒤에는 바닥날 거라는 전망을 자주 보도한다.

일라리아 박사가 커다란 배낭을 메고 급류에 다가섰다. 물속에 장비를 넣어 수위와 유속을 측정하고 빙하 녹은 물을 채집하기 위해서였다. 흙탕물로 흐르는 세찬 급류가 금방이라도 덮칠 것처럼 위태로웠다. 일라리아 박사가 작업을 마치고 올라오자 샘플을 보여달라고 했다. 박사가 가방에서 꺼낸 것은 생수병에 담긴 물이었다. 거창한 실험 장비가 나올 거라고 생각했는데 예상치 못한 반전이었다.

생수병에는 흙탕물이 가득 들어있었다. 빙하 녹은 물이 암석을 침식시키면, 암석을 이루고 있던 철과 망간이 흘러나와 물의 색깔을 붉게 만든다. 빙하에서 나온 깨끗한 물을 얻으려면 빙하 표면에서 직접 채취해야 한다. 일라리아 박사는 2016년부터 7년째 같은 시기, 같은 장소에서 같은 작업을 반복하고 있었다. 자료가 10년, 20년 축적되면 니알슨의 빙하에 어떤 변화가 나타나고 있는지 분석하고 이를 통해 미래를 내다볼 수 있을 것이다.

빙하 녹은 물 샘플은 이탈리아로 가져가 고체 물질과 부유 물질, 잔류성 유기 오염물, 미생물 등 다양한 화학 성분을 분석할 예정이

라고 했다. 아주 오래전에 내린 눈으로 만들어진 빙하가 녹는다면 그 안에는 과거에서 유래한 성분이 들어있을 가능성이 높다. 그 주인공이 치명적인 박테리아나 바이러스라면? 인류는 이미 코로나19라는 무지막지한 바이러스를 겪었다. 기후위기로 빙하나 영구동토층이 녹으면 잠들어 있던 미지의 존재가 우후죽순 깨어날 거라는 우려가 커지고 있다.

2020년 시베리아에서 고대 매머드 화석이 발견됐다. 박물관에서만 보던 매머드가 근육과 연골까지 고스란히 보존된 채 모습을 드러냈는데, 신기함보다는 두려움이 앞섰다. 썩지 않고 보존된 매머드 사체 안에 병원균이나 바이러스가 존재할 가능성이 있기 때문이다.

2016년 여름에는 시베리아의 영구동토층이 녹으면서 순록 사체가 발견된 적이 있다. 그런데 사체에 숨어있던 탄저균이 되살아나 순록 수백 마리가 폐사했을 뿐만 아니라 유목민 20여 명이 감염되고 12세 소년이 숨졌다.

빙하 녹은 물과 무서운 바이러스의 관련성을 떠올리니 일라리아가 하고 있는 연구가 얼마나 중요한지 실감할 수 있었다. 일라리아는 유난히 가녀린 체구에, 가방도 무거워 보였다. 일라리아가 멘 가방의 무게는 30kg에 육박했고 하루에 6~8km를 걷는 일은 예사라고 했다. 지난번 탐사는 14시간이나 걸렸다는 얘기에 일라리아를 바라보는 나의 눈에 경외심이 더해졌다. 올가와 일라리아, 열정에 불타는 이탈리아 과학자들 파이팅!

마지막으로 방문한 곳은 킹스베이 과학기지촌 입구에 있는 기후변화 감시탑이었다. 정식 명칭은 '아문센 노빌 기후변화 감시탑Amundsen-Nobile Climate Change Tower, CCT'으로 이탈리아가 운영하고 있다. 노르웨이의 탐험가 로알 아문센과 이탈리아의 탐험가 움베르토 노빌의 이름에서 따왔다. 서울에 남산타워, 파리에는 에펠탑이 있듯 킹스베이의 랜드마크랄까?

높이가 34m니까 10층 건물 정도인데 안타깝게도 엘리베이터는 없다. 사다리를 타고 올라갈 수 있었지만 시도하지 않았다. 밑에서 봐도 충분히 훌륭했다. 온도와 상대습도, 풍향, 풍속을 측정하는 장비가 서로 다른 4개의 높이에 설치돼 있고, 감시탑 꼭대기에는 태양 적외선 복사 등을 관측하는 장비와 CCTV가 장착돼 있다. 감시탑 바닥에서도 적설량과 지면 온도를 2개의 깊이로 나누어 측정하고 있었다. 친절한 마르코 카술라 이탈리아 기지 대장이 끝까지 동행해 줬다.

니알슨에서 어떤 일을 하고 있나요?

저는 2019년부터 이탈리아 기지에서 일하기 시작했고 매년 수개월간 머물고 있습니다. 이탈리아 기후변화 감시탑이 세워진 것은 2010년입니다. 한국 극지연구소를 비롯해 세계 각국의 관측 장비가 설치돼 있어요. 니알슨의 기후를 감시하는 파수꾼 역할을 하고 있습니다.

지난 10년간 놀라운 변화가 포착됐습니다. 니알슨의 최저기온이 2.7℃ 상승한 건데요. 북극이 중요한 이유는 '북극 증폭' 현상이 나타나기 때문입니다. 북극의 기온은, 예를 들면 유럽보다 2배나 빠르게 높아지고 있습니다. 북극 연구는 지금 북극에서 일어나는 현상을 이해하기 위해서는 물론, 미래에 우리가 사는 중위도에 어떤 일이 생길지 내다보기 위해서 아주 중요합니다.

니알슨에서 일어나고 있는 변화를 실감하나요?

저는 겨울을 좋아합니다. 겨울이 되면 이곳의 모든 것이 완전한 툰드라로 변하거든요. 마치 꿈속에 있는 기분이에요. 특히 밤이 계속되는 극야 기간에는 다른 행성에 살고 있는 것 같습니다. 그러나 해가 지날수록 변화가 커지는 것을 실감하고 있습니다. 여름의 끝자락에 빙하가 무너지고 과거에 볼 수 있었던 풍경을 더 이상 볼 수 없게 되면 무척 슬퍼지죠.

겨울이 되면 이곳에 비가 자주 옵니다. 기온이 영하 20~30°C여야 하는 북극에 비가 많이 오는 것은 반갑지 않은 풍경입니다. 겨울이 짧아지고 여름이 길어지고 있어요. 겨울은 덜 춥고 여름은 더 덥습니다. 올해 5월에는 한 달 만에 영하 20°C에서 영상 13°C까지 기온이 치솟았습니다. 불과 몇 년 사이에 진행된 급속한 변화입니다. 이번 여름에는 또 무슨 일이 벌어질까요?

어릴 때 스키를 타러 알프스에 갔던 기억이 납니다. 도착하자마자 눈을 볼 수 있었는데요. 지금은 스키장에 가도 눈을 찾기가 어렵습니다. 알프스산맥에는 아직 빙하가 가득하지만 언젠가는 사라질 것입니다.

우리는 북극과 남극, 알프스 등지에서 빙하 샘플을 채집하는 연구를 프랑스, 스위스와 공동으로 진행하고 있습니다. '아이스 메모리 재단The Ice Memory Foundation'은 우리 세대가 간직한 얼음에 대한 기억을 미래 세대에게 전하기 위해 빙하 코어를 수집하고 있습니다. 빙하가 사라지기 전에 말이죠. 후손들은 과거에 무슨 일이 일어났는지 알고 싶을 겁니다.

기후변화 감시탑에 설치된 카메라로 지면을 관찰한다고 하셨는데 영구동토층의 변화도 나타나고 있나요?

네, 물론입니다. 2016년 대기관측소가 있던 땅이 녹으면서 건물이 무너졌습니다. 이 지역뿐만 아니라 도시에 있는 건물에도 많은 문제가 발생하고 있습니다. 니알슨에 있는 대부분의 건물이 금이 가거나 무너져 물이 새고 있어요. 북극 전역에서 나타나고 있는 아주 큰 문제입니다.

독일 기지에서
'날립니다!'

독일 기지에서 매일 같은 시간에 하루도 건너뛰지 않고 하는 일이 있다. 협정세계시(UTC, 한국 시간+9) 오전 11시에 하늘로 커다란 풍선을 날려 보내는데 이건 그냥 풍선이 아니다. 온도, 기압, 습도, 풍향, 풍속을 측정하는 장비와 GPS가 달린 '날씨 풍선Weather Balloon'이다. 전문 용어로 '라디오존데radiosonde'라고 부르는데 우리 기상청도 라디오존데를 띄워 고층 대기를 관측한다. 전 세계에서 매일 똑같은 시간에 풍선을 띄우고, 관측 자료는 무선 센서를 통해 실시간 전송되고 통합된다. 지구의 날씨를 알려주는 중요한 풍선인 셈이다.

독일 기지를 지키고 있던 기욤 헤먼트 박사에게 나도 기상학도

이니 직접 해볼 수 있겠냐고 물었더니 좋다고 했다. 엄청난 소음 때문에 헤드폰을 쓰고 풍선에 헬륨 넣는 작업부터 시작했다. 풍선은 너비가 1.5m에 달할 정도로 거대했는데 헬륨이 주입되자 점점 부풀어 오르기 시작했다. 풍선에 들어간 헬륨가스의 부피는 $2m^3$, 즉 $2,000\ell$였다. 기욤은 커다랗게 변신한 풍선에 센서까지 장착한 뒤 친절하게 건네며 한 손에 풍선을, 한 손에는 센서를 들면 된다고 알려줬다.

풍선이 자꾸 하늘로 솟구치려고 해서 꽉 붙잡고 있어야 했다. 긴장도 잠시, 드디어 날릴 시간이 되어 촬영기자들과 최종 호흡을 맞췄다. 피사체가 빠르게 움직이는 풍선이라 클로즈업을 잡기 어렵기 때문에 대충 방향을 예측해야 한다.

"날립니다"라는 커다란 외침을 신호로 손에 붙들려 있던 풍선을 놓아줬다. 묵직한 녀석이 바람을 타고 순식간에 올라갈 때는 가슴이 벅차올랐다. 그날따라 하늘은 어찌나 파란지. 어린 시절 손에 잡고 있던 풍선을 놓쳤다면 울었겠지만, 지금은 나도 모르게 손을 흔들고 있었다.

잘 가라, 나의 첫 번째 라디오존데야. 2022년 7월 19일 UTC 오전 11시 북극 니알슨에서 전 세계 기상관측에 힘을 보탰다는 생각에

뿌듯했다. 이런 기회를 허락해 준 기욤 헤먼트 박사에게 고맙다고 인사했다. 나중에 한국에 돌아가서 이 장면을 편집할 때 우리는 독일 기지의 그를 '기요미'라는 애칭으로 불렀다.

독일 기지에서 북극 라디오존데 관측을 처음 시작한 것은 언제일까? 놀랍게도 대륙이동설로 너무나 유명한 독일의 기상학자 알프레트 베게너가 1920년에 시작했다. 처음에는 정규 관측이 아니었지만 알프레트 베게너 연구소가 만들어지면서 정례화됐고 그 역사가 지금까지 이어지고 있다. 100년이 넘는 고층 대기 관측 기록을 보유하고 있는 셈이다.

독일 기지에는 흑백으로 촬영한 베게너의 사진이 걸려있었다. 두툼한 옷을 입고 커다란 풍선을 든 모습이었다. 흑백사진을 뚫고 나올 듯한 카리스마와 열정이 느껴졌다. 하와이 마우나로아에 1958년부터 이산화탄소 농도를 측정한 찰스 데이비드 킬링이 있다면 북극에는 1920년부터 라디오존데를 띄운 알프레트 베게너가 있었다.

그러나 베게너가 처음부터 기상학자였던 것은 아니다. 원래 천문학도였지만, 천문학에서는 더 이상 새롭게 발견할 게 없다는 생각에 기상학으로 전공을 바꿨다. 베게너는 라디오존데 같은 기구를 사용한 고층 기상관측의 선구자였다. 특히 북극에 매료된 베게너는 세계 최초로 기구를 타고 북극 그린란드의 대기를 관측하는 데도 성공했다.

나 역시 대학에서 전공을 택할 때 천문학과 대기과학 사이에서 잠시 고민했다. 천문학이 재밌고 더 낭만적으로 보이긴 했지만 수백만 광년 떨어진 심오한 세계를 탐구할 자신이 없었다. 나는 머나먼 철학보다 눈앞에 보이는 현상에 끌렸다. 변화무쌍하게 움직이는 하늘과 바람, 구름, 비를 관찰하고 미래를 내다보는 것이 훨씬 매력적으로 느껴졌다. 삼국지의 제갈공명이 바람의 방향을 예측해 적벽대전을 승리로 이끈 것처럼 날씨를 읽는 능력은 마법처럼 느껴졌다. 베게너도 그랬을까? 베게너와 나는 북극을 좋아하는 것도 닮았다.

베게너는 세계지도를 보다가 우연히 대륙이동설을 떠올리게 됐다. 대서양을 사이에 둔 남아메리카와 아프리카의 해안선이 꼭 들어맞는다는 점에서 영감을 얻은 것이다. 기상학자임에도 불구하고 베게너는 북극 탐험의 오랜 경험과 지질학, 화석학 증거를 수집해 1912년 대륙이동설을 완성했다. 먼 과거에 하나였던 대륙이 이동하면서 오늘의 모습이 됐다는 것이 이론의 핵심이다.

지금은 과학 교과서에서 배울 정도로 대접받지만, 당시 학계는 싸늘한 반응을 보였다. 거대한 대륙이 움직인다는 것 자체가 어처구니없는 농담처럼 느껴졌을지 모른다. 갈릴레이도 법정을 나오며 "그래도 지구는 돈다"라고 했다는 얘기가 있지 않나. 시대를 앞서나간 과학자들은 항상 험한 궤적을 그리며 살아간다. 커다란 대륙도 움직이고 지구도 움직인다는 것을, 우리는 그들 덕분에 잘 알고 있다. 먼저 살아간 과학자들, 그들의 통찰력과 지혜를 딛고 살아가는 우리. 늘 감사한 기분이다.

베게너는 굴하지 않고 3년 뒤 《대륙과 대양의 기원 Die Entstehung der Kontinente und Ozeane》이라는 책을 출판했다. 판게아라는 초대륙이 약 2억 년 전에 분리돼 표류하다가 현재의 위치에 이르렀다는 학설을 담았다. 대중의 반응은 좋았지만 학계는 여전히 냉담했다. 기상학자가 새로운 이론을 들고 지질학계에 나타났으니 안 그래도 보수적인 분위기 속에서 환영받지 못했을 게 뻔하다.

1930년 베게너는 대륙이동설의 증거를 찾기 위해 네 번째 그린란드 탐험을 떠났고 결국 돌아오지 못했다. 베게너가 세상을 떠나고 20년이 지나자 세상이 바뀌었다. 지구자기와 해양학 등의 분야에서 대륙이동설을 뒷받침하는 증거가 쏟아졌고, 지구의 판을 이동시킨 보이지 않는 힘이 맨틀의 대류라는 사실이 증명됐다.

솔직히 독일 기지에 취재를 가지 않았다면 베게너가 지질학자인 줄 알고 평생을 살았을 것이다. 팔은 안으로 굽는다더니, 같은 기상학도임을 알게 되자 갑자기 애정이 샘솟는다.

베게너는 또한 달의 울퉁불퉁한 크레이터가 운석 충돌로 생겼다고 주장했는데 훗날 달 탐사가 시작되면서 그 사실이 입증되기도 했다. 달의 뒷면 북반구에 위치한 크레이터에는 베게너라는 이름이 붙었다. 북극을 사랑한 탐험가이자 기상학자인 그의 이름은 달에 새겨져 영원히 지구 곁을 맴돌고 있다.

세상에서 공기가 가장 깨끗한
제플린 관측소

독일 기지에서 풍선을 날린 뒤 약속 시간에 조금 늦었다. 극지연구소 차를 타고 헐레벌떡 달려간 곳에 노르웨이 기지의 루네 젠슨 대장이 기다리고 있었다. 빨간색 노르웨이 극지연구소 점퍼를 입고 있었는데 우리 극지연구소와 같은 색이었다. 노르웨이 기지 대장을 만난 이유는 니알슨에서 가장 중요한 취재 일정을 함께하기 위해서다.

니알슨 제펠린피예렛산 정상 부근의 해발고도 474m에는 북극의 배경대기를 감시하는 제플린 관측소가 있다. 앞서도 설명했듯이 배경대기는 인위적인 오염물질의 영향을 받지 않는 곳의 공기를 의미한다. 즉 지구 대기의 기준이자 청정 지역으로 볼 수 있다.

세계기상기구WMO는 1969년 배경대기오염관측망BAPMoN을 구축하고 지구대기감시Global Atmosphere Watch, GAW 프로그램을 진행하고 있다. 북극 제플린 관측소를 비롯해 하와이 마우나로아 관측소가 대표적이고 우리나라에는 제주도 고산과 안면도 등지에 배경대기 관측소가 있다.

노르웨이 극지연구소 차로 갈아타고 1km 정도 더 달렸다. 제플린 관측소 주변은 오염물 관리가 철저하기 때문에 전기자동차만 운행할 수 있었다. 아쉽게도 우리 극지연구소 차량은 오래된 경유 차량이어서 들어갈 수 없었다. 가까이 다가가면 매연 냄새가 날 정도였는데 여름철에만 과학자들이 방문하다 보니 차량 교체가 늦어진 탓이었다. 이 책이 나올 때쯤엔 멋진 전기자동차가 다산기지를 누비고 있길.

무뚝뚝해 보이는 루네 대장의 포스에 눌려 침묵하는 사이 눈앞에 빨간 케이블카가 나타났다. 옛날 영화에 나오는 것처럼 양철로 만든 듯한 작은 케이블카였다. 우리 일행을 포함해 4명이 타자 꽉 찼다.

극지연구소에선 겨울에 제플린 관측소에 올라가기도 하는데 강풍 때문에 케이블카가 무섭게 흔들렸다는 무용담을 들었다. 스키장 리프트가 멈추는 것처럼 고장 나지는 않겠지. 루네가 직접 출발 버튼을 눌러보라고 했다. 버튼을 누르자마자 케이블카가 살짝 흔들리며 서서히 움직였다. 케이블카에서 내려다보는 풍경이 너무 아름다워서 할 말을 잊고 말았다.

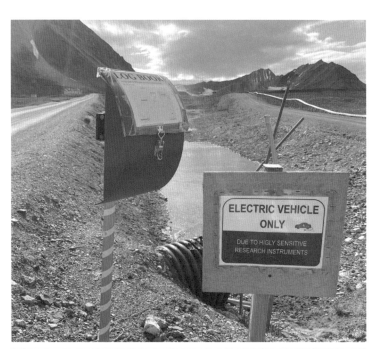

북극 취재 일정이 변경되면서 제플린 관측소 취재 날짜도 1주일 뒤로 재조정했다. 담당자에게 직접 메일을 보내 꼭 가고 싶다고 애원했던 기억이 났다. 니알슨에서 제플린 기지 취재가 빠진다면 아이스크림 없는 와플콘 아닌가. 특히 대기과학을 전공한 나에게 제플린 관측소는 하와이 마우나로아 관측소 못지않은 버킷 리스트였다. 롱이어비엔에서 스발바르 종자 저장고에도 못 들어갔는데 니알슨의 제플린 관측소마저 놓칠 수는 없었다. 결과는, 이렇게 오게 됐다.

케이블카에 오른 지 14분이 지나자 아찔한 높이의 관측소에 도착했다. 1990년에 공식적으로 문을 연 제플린 관측소는 이산화탄소, 메탄 같은 온실가스와 에어로졸, 황, 우주방사선, 미세플라스틱 등을 감시하고 있다. 노르웨이, 일본, 스웨덴, 핀란드의 관측 장비가 설치돼 있었고 우리나라의 구름 응결핵 입자 계수기 등도 보였다.

야외로 나가자 더 많은 장비를 발견할 수 있었다. 장비에 가까이 가기 전에 한 가지 주의할 점이 있었다. 실험 장비들은 아주 작은 움직임에도 예민하게 반응하는데 특히 대기 중 미세플라스틱 측정 장비가 있어서 고어텍스 점퍼를 모두 벗어야 했다. 만약 고어텍스를 입은 채 다가가면 미세플라스틱이 유입돼 그날 데이터가 극값으로 튀어 오를 수도 있기 때문이다. 즉 우리가 인위적인 오염원이 될 수 있다는 뜻이다.

다행히 이날은 바람도 잔잔하고 날씨가 워낙 따뜻해서 경량 패딩만 입고 촬영해도 춥지 않았다. 어떤 오염도 허용되지 않는 배경대기 관측소라는 명성답게 이곳에는 화장실이 없다. 급작스러운 비상사태가 발생하지 않도록 출발 전에 모든 것을 비우고 가벼운 몸으로 취재에 임해야 했다.

서울 남산타워 꼭대기는 남산의 해발고도까지 합해 479.7m다. 남산타워와 비슷한 높이의 제플린 관측소에서 바라본 니알슨의 풍경은 또 다른 감동을 선물했다. 산 정상에 남아있는 하얀 눈과 멀리 보이는 빙하, 붉게 물든 바다. 시원한 바람까지 불어와 머리카락을 쓰다듬었다. 아, 잠깐! 관광객 모드에 젖어있으면 안 되는데. 정신을 차리고 루네 대장과 인터뷰를 시작했다.

그러던 중, 기지 벽에 걸려있는 이산화탄소 농도 그래프가 눈에 들어왔다. 여름에는 식물의 광합성이 증가하며 이산화탄소가 흡수돼 농도가 줄었다가 겨울과 봄에 늘어나는 톱니 모양 그래프였다. 계절에 따른 변동은 있지만 최근 이산화탄소 농도는 1년에 2ppm 넘게 상승 중이다.

그런데 북극에서도 2021년 12월 이산화탄소 농도가 422ppm까지 치솟았다. 물론 평균 농도는 이보다 낮겠지만 사상 최곳값을 기록한 것이다. 산업화 이전과 비교하면 50%가량 상승한 수치로 청정한 북극 대기도 전 지구적인 기후위기를 피하지 못한 것이다.

바람을 타고 실려 온 전 세계 대기오염 물질과 미세플라스틱도 문제가 되고 있다. 2011년 3월 동일본 대지진으로 후쿠시마 원자력 발전소에 사고가 발생했다. 원자로에서 유출된 방사성핵종이 북극 제플린 관측소에서 검출되기까지는 단 열흘밖에 걸리지 않았다. 방사선을 방출하는 물질이 수천 킬로미터를 이동한다는 사실이 밝혀진 것이다. 최근에는 여름철에 관광객을 싣고 오는 유람선이 늘어나면서 유람선의 연료인 중유에서 배출되는 오염물질인 황산염과 니켈, 바나듐의 수치가 높아지고 있다.

북극의 하얀 눈조차 안심할 수 없다. 북극의 눈을 분석한 결과 1ℓ에서 1만 조각에 이르는 미세플라스틱이 검출됐다. 대기오염 물질이 눈에 섞여 떨어진 것이다. 미세플라스틱은 크기가 5mm보다 작은 입자를 뜻한다. 이 정도로 상황이 심각하다면 북극 주민들이 숨을 쉴 때마다 미세플라스틱을 흡입하고 있을지 모른다.

북극 바다 역시 예외가 아니다. 최근 북극해에서 시추한 빙하 코어에서 1ℓ에 1만2,000개에 달하는 미세플라스틱이 발견됐다. 종류도 다양해 폴리에틸렌과 폴리프로필렌 같은 포장재부터 페인트, 나일론, 폴리에스터, 담배 필터에 사용되는 셀룰로스아세테이트 등

17종에 달했다. 전 세계 바다가 미세플라스틱으로 몸살을 앓고 있는데, 해류를 멈출 수 있다면 몰라도 북극의 바다만 청정한 상태로 유지될 수는 없는 노릇이다.

2023년 발표된 연구 결과에 따르면 전 세계 바다에 떠다니는 미세플라스틱 입자는 171조 개, 무게는 230만 톤으로 추정된다. 매년 사용된 플라스틱의 9% 정도만 재활용되고 대부분 바다로 흘러든다. 시간이 지나면 풍화작용을 거쳐 미세한 조각으로 부서지고 해양 생태계를 파괴한 뒤 해산물 섭취를 통해 인간에게 돌아오게 될 것이다. 2040년쯤이면 바다로 흘러가는 미세플라스틱의 양이 지금보다 3배 증가할 수 있다는 전망도 나온다.

북극 제플린 관측소에서 쏟아져 나오는 데이터를 보는 동안 부끄러움이 느껴졌다. 공장을 가동하고 자동차를 몰고 비행기와 유람선을 타는 그 모든 인간 활동이 지구에 발자국을 남기고 세상에서 가장 깨끗한 북극 상공까지 도달하고 있었다. 롱이어비엔 항구를 오가는 유람선과 관광객을 실은 버스를 봤을 때 추상적으로 느껴지던 것들이 구체적인 데이터로 뒷받침되고 있었다.

관측소 벽에는 여러 장의 사진이 걸려있었다. 스발바르의 같은 장소에서 찍은 인물의 뒷모습 사진이었다. 1922년에서 1939년, 2002년, 2010년, 2022년으로 시간이 흐름에 따라 사진은 흑백에서 컬러로 변해갔고 인물이 입고 있는 옷도 바뀌었다. 무엇보다 눈과 빙하가 사라지는 모습을 뚜렷하게 보여주고 있었다. 앞으로 2030년과 2040년, 2050년에는 어떤 사진이 걸리게 될까. 빙하는 과거의 유물이 되어 완전히 사라지고, 우리는 수중 도시에서 높아진 해수면과 싸우고 있을지 모른다.

인터뷰 >>> 루네 젠슨 〔노르웨이 기지 대장〕

제플린 관측소는 1988년에 지어졌고 1990년에 정식으로 문을 열었습니다. 몇 년이 지난 뒤 다시 공사를 해야 했는데, 이곳의 혹독한 날씨 때문이었죠. 2000년에 관측소를 새로 지었습니다. 제플린에는 다양한 관측 장비가 있습니다.

기후에서 가장 중요한 부분은 장기적인 연속 관측에 있습니다. 예를 들어 이산화탄소 측정은 1988년부터 계속해 왔습니다. 북극의 오염물질 농도는 높지 않아요. 공기가 정말 깨끗합니다. 하지만 전 세계에서 밀려온 오염물질을 이곳에서 측정할 수 있지요.

가파른 기후위기 속에 제플린 관측소에서는 지구를 위한 경보음이 울리고 있습니다. 북극의 온도 상승은 전 지구 평균보다 2~3배 빨라요. 이곳에서 지난겨울 이산화탄소 농도가 422ppm까지 올라갔습니다. 북극의 빙하가 후퇴하고 있고 해수면 상승은 전 지구에 영향을 미칠 겁니다. 스발바르에선 1936년부터 빙하가 감소했고 지금은 얼음층의 25%가 녹아버렸습니다. 북극에서 어떤 일이 일어나고 있는지 이해하는 일은 매우 중요합니다.

바이킹의 후예,
노르웨이 기지에 가다

다산기지 바로 옆에는 노란색 2층 건물이 자리 잡고 있다. 극지 연구의 종주국인 노르웨이 기지다. 노르웨이는 원래 지금의 다산기지가 있는 공간을 사용했는데, 건물을 새로 지어 이사 갔다고 한다. 노르웨이가 방을 뺀 덕분에 그 자리에 우리나라가 입주할 수 있게 됐다.

북극과 가까운 노르웨이답게 기지도 훌륭했다. 실험실과 장비는 물론 극지에서 입는 의류와 신발, 방한용품 등을 보관하는 물류창고도 압권이었다. 롱이어비엔에서 빙하 탐사 때 방문한 보트 렌트업체와는 비교가 되지 않았다. 과학자들의 개인 연구실과 숙소도 널찍널찍했다. 신축 아파트 구경하는 기분으로 여기저기 둘러보다가 정신을 차리고 얼른 마이크를 들었다.

2층의 빛이 잘 드는 휴게실에서 노르웨이 극지연구소의 제스퍼 모스바처 박사를 만났다. 생태학자라는 특성상 야외 작업을 많이 하는 모스바처 박사는 얼굴이 붉게 그을려 있었다. 백야의 북극 햇살은 한여름 해변의 햇살만큼 강력하다.

노르웨이 기지를 둘러보며 느낀 것은 노르웨이 과학자들이 성별에 상관없이 체격이 크고 밝고 강인한 인상을 풍긴다는 점이었다. 한국에 돌아가 다큐멘터리를 제작할 때 감독님 한 분은 제스퍼 박사를 보고 한마디 툭 던졌다. "역시 상남자네. 바이킹의 후손들이잖아."

다산기지(왼쪽 붉은 건물)와 노르웨이 기지

북극에서 어떤 연구를 하고 있나요?

저는 육지 생태계를 모니터링하고 있습니다. 기후변화로 인해 육지 생태계가 어떻게 변화하는지 관측하고 있는데요, 식물부터 새, 곤충, 포유류, 미생물 등 생태계 모든 종을 살펴봅니다. 이들은 모두 연결돼 있어서 생태계 전체가 바뀌고 있어요. 예를 들어 눈이 적게 내리면 꽃이 더 일찍 개화하고 곤충과 순록에게 영향을 줍니다. 그래서 우리는 생태계 전체를 연구하려고 노력합니다.

북극은 너무 추워서 동물이나 식물이 많을 것 같지 않은데요, 생태계의 다양성은 어느 정도인가요?

열대지방과 비교하면 덜하겠지만, 북극의 생태계는 우리 생각보다 훨씬 다양합니다. 특히 곤충과 미생물을 포함하면 여전히 매우 복잡하죠. 단 한 가지 식물 종이라고 해도 그것과 관련된 수백 가지의 상호작용이 있습니다.

기후변화가 북극 생태계에 어떤 영향을 미치고 있나요?

스발바르제도에서 우리가 목격하고 있는 것은 매우 높은 온도 상승입니다. 특히 겨울 기온이 0°C를 넘는 일이 잦아지고 비가 더 많이 오고 있어요. 내린 비는 얼어붙고 툰드라 지대가 얼음으로 덮이게 되죠. 이곳에 사는 동물들에게 아주 좋지 않은 일이에요.

평소처럼 눈이 왔다면 순록이 풀을 뜯어 먹을 수 있지만 얼어버리면 상황이 달라집니다. 순록이 굶어 죽는 모습도 목격되고 있어요. 이런 일이 잦아지면 순록 개체수에 영향을 미치고 순록은 서식지를 옮겨야 합니다.

노르웨이 극지연구소는 니알슨에서 1978년부터 순록에 대한 조사를 시작했어요. 가장 오래 진행하고 있는 프로젝트입니다. 초기 몇 년 동안은 개체수가 상당히 증가했지만 1990년대부터 대폭 줄었습니다. 그러나 지난 10년은 안정적이었죠. 스발바르만 본다면 순록은 꽤 잘 지내고 있습니다. 개체수가 증가하고 있는 데는 많은 이유가 있겠지만, 한 가지는 봄이 일찍 오고 겨울이 짧아지면서 식량이 더 풍부해졌기 때문입니다.

많은 사람들이 북극 하면 북극곰을 떠올립니다. 북극곰이 멸종 위기라고 알고 있는데 한편으로는 개체수가 늘고 있다는 보도도 있습니다. 상황이 어떤가요?

스발바르제도 주변의 북극곰 개체수는 약간 증가하는 추세입니다. 약 3,000마리에 이르는데 전 세계적으로도 개체수가 꽤 안정적이라고 생각합니다. 하지만 북극곰의 행동이나 서식지에는 큰 변화가 나타나고 있습니다. 지금 이곳에서 목격되고 있는 현상은 북극곰이 육지에서 더 오래 지내고 있다는 겁니다. 과거 해빙 위에서 사냥하던 북극 최대의 포식자가 서식지를 바꾼 걸까요? 아마 기후위기로 해빙이 많이 사라졌기 때문에 어쩔 수 없이 육지에서 사냥하는 것으로 추정됩니다. 아직 데이터가 많지는 않지만 지난 몇 년간 북극곰이 새알을 먹거나 순록을 사냥했다는 보고가 점점 많아지고 있습니다. 그래서 아주 흥미롭게 살펴보고 있죠.

정말 큰 변화군요. 그렇다면 북극 연구가 왜 중요한가요?

지구에서 가장 큰 변화가 일어나고 있는 곳이 바로 북극의 생태계이기 때문입니다. 가장 극단적인 온도 상승이 일어나고 있으며 야생동물과 식물이 가장 큰 영향을 받고 있습니다. 북극의 생태계 변화를 연구하면 향후 전 세계 다른 지역에서 일어날 일들에 대해서도 이해하고 대비할 수 있습니다.

최근 한국에서도 기후재난이 빈번해졌습니다. 노르웨이는 어떤가요?

노르웨이에도 이상기후가 더 많이 나타나고 있습니다. 저는 노르웨이 북쪽 트롬쇠에 사는데, 불과 몇 주 전에 30℃라는 최고 기온 기록이 세워졌어요. 기후위기를 늦추기 위해서는 일단 어떤 일이 벌어지고 있는지 연구하고 관찰해야 합니다. 그리고 정치인들과 일반 시민들의 행동이 필요하다고 생각합니다.

북극곰에 대한
양가감정

니알슨에서도 기회가 찾아왔다. 독일 기지의 기욤 박사를 인터뷰하는 동안 갑자기 무전이 도착했다. 킹스베이 기지촌 근처에서 북극곰이 발견됐으니 현장에 있는 과학자들은 조심하라는 내용이었다. 북극곰이 출몰한 곳은 바닷새가 많이 서식하는 지역으로 최근 북극곰이 새알을 먹으러 자주 나타난다고 했다. 하루 전에도 다른 나라 연구팀이 북극곰과 마주쳤다. 이럴 수가! 롱이어비엔 딕슨 피오르에서는 발자국만 보여주더니 이번에는 무전으로 존재를 확인시켜 준 너란 존재, 북극곰.

놀라운 것은 굶주린 북극곰이 새알 사냥을 하고 다닌다는 점이었다. 우리가 그 장면을 영상으로 담았다면 엄청난 반향을 일으켰겠지만, 아직 북극곰조차 목격하지 못한 상황이었다. 아쉽게도 다큐멘터리에는 네덜란드 과학자가 촬영한 영상을 허가를 받고 사용했다.

2012년 네덜란드 연구팀은 스발바르 스피츠베르겐섬의 서쪽 해안에서 기러기 둥지를 어슬렁거리는 북극곰을 포착했다. 북극곰은 알을 맛있게 포식하고 노란색으로 물든 앞발을 쪽쪽 핥기까지 한다. 새알의 맛에 눈뜬 걸까. 새들은 북극곰 주변을 떠나지 못하고 발을 동동 구르는 것처럼 보인다. 물오리와 흰갈매기도 기러기와 마찬가지로 알을 도둑맞았다.

영상은 시간이 흐름에 따라 북극곰이 먹어 치운 알의 개수가 어떻게 늘어나는지 보여준다. 12마리의 북극곰이 18시간 동안 먹은 알은 모두 2,638개였다. 그러니까 1마리의 북극곰이 18시간 동안 220개의 알을 먹은 건데, 시간당으로 계산하면 12개가 조금 넘는 속도다. 북극곰의 덩치를 생각하면 저걸로 배가 부를까 걱정이 되고, 새들을 생각하면 자식 잃은 부모 심정에 공감이 된다. 이래저래 북극곰이 새알을 먹는 상황은 불편하다. 만약 북극곰이 새알을 주식으로 삼기라도 한다면 북극의 바닷새들은 멸종을 피할 수 없을 것이다.

북극곰에 대한 최근 연구 결과는 또 다른 가능성을 제시했다. 새알을 먹는 것도 충격적인데, 이제 아예 육지 동물인 순록을 사냥하기 시작한 것이다. 2021년 폴란드 연구팀은 《극지생물학Polar Biology》 저널에 북극곰이 순록을 사냥할 수 있게 됐다는 논문과 함께 그 장면을 담은 영상을 공개했다.

논문의 제목은 기발하게도 '그래, 그들은 할 수 있어. 북극곰이 성공적으로 스발바르의 순록을 사냥하다(Yes, they can: polar bears *Ursus maritimus*[곰속] successfully hunt Svalbard reindeer *Rangifer tarandus platyrhynchus*[순록속])'였다.

북극의 먹이사슬 꼭대기에 있는 노련한 사냥꾼이 물범 대신 순록으로 갈아타다니, 충격적인 뉴스였다. 북극곰은 해빙에 뚫려있는 구멍으로 물범이 숨을 쉬러 올라올 때까지 기다렸다가 사냥한다. 지방이 많은 고리무늬물범과 턱수염물범이 가장 좋아하는 식단인데, 봄과 여름에 가능한 한 많은 물범을 잡아먹으며 에너지를 비축한다. 그러나 해빙이 사라지면서 사냥 기회가 급격히 줄었고 반대로 순록은 개체수가 급증했다. 북극곰이 생존을 위해 순록을 사냥할 수밖에 없는 상황에 내몰린 것이다.

북극곰이 순록을 잡는 장면도 인상적이다. 만약 사자가 순록을 사냥했다면 어떤 모습이었을까? 〈동물의 왕국〉에서 본 것처럼 엄청난 속도로 달려가 덮쳤겠지만, 북극곰은 순록을 물고 바다로 들어가 익사시킨 뒤 끌고 나온다. 덩치 큰 북극곰이 사자처럼 빠르게 달리지는 못할 테니 자기만의 방법대로 사냥한 것이다.

2000년 이전에는 북극곰이 순록을 사냥했다는 보고가 전혀 없었다. 과학자들은 북극곰과 순록의 서식지가 겹치는데도 북극곰이 순록을 먹잇감으로 여기지 않는 이유를 궁금해했다. 적과의 평화로운

동침이랄까? 그러나 평화는 깨지고 말았다. 최근 조사에 따르면 북극곰의 배설물에서 순록의 털이나 소화되지 않은 살점이 발견되는 경우가 늘고 있다. 벼랑 끝에 몰린 북극곰이 굳게 지켜왔던 생존의 원칙을 깨버린 것이다.

순록 역시 충격적인 모습을 보여주고 있다. 북극이 초록초록하게 변하면서 순록의 개체수는 늘어나는 추세지만 겨울철 잦은 비가 최대 변수로 떠올랐다. 순록은 눈을 헤치고 그 속의 풀을 먹으며 지난 수천 년간 생존해 왔다. 그러나 겨울에 눈 대신 비가 내리자 풀은 단단한 얼음 속에 갇혀버렸고 굶주린 순록은 집단 폐사했다.

북극곰과 마찬가지로 순록도 길을 찾은 듯 보인다. 최근 과학자들은 해초를 입에 문 스발바르제도의 순록을 목격했다. 먹이가 부족한 혹한기에 다시마라도 먹고 살아보자, 이런 마음이었을까. 어쩔 수 없는 선택에 내몰린 북극의 생태계, 그 책임이 우리에게 있음을 생각하면 그저 해외 토픽 거리로 지나칠 수만은 없다.

흔히 육식이 기후위기의 주범이라고 말한다. 가축을 키우고 사료용 작물을 재배하는 과정에서 어마어마한 면적의 숲이 사라지고 있기 때문이다. 남아메리카 대륙의 절반은 옥수수나 콩을 재배하는 밭으로 변했고, 브라질에선 경작지를 더 넓히려고 숲에 불을 지르고 나무를 벤다. 앞으로 고기를 먹을 때는 내가 몇 헥타르의 숲을 없에버렸는지 떠올려도 좋을 정도다.

숲이 사라지면 대기 중 이산화탄소 농도가 가파르게 증가할 수밖에 없다. 지난 10년간(2012~2021) 육지 생태계가 흡수한 이산화탄소는 매년 114억 톤($11.4GtCO_2$) 규모로 전체 배출량의 29%에 달했다. 그런데 거대한 탄소 흡수원인 숲을 베어버리고 우리가 선택한 것은 한 점의 맛있는 고기다.

소의 트림과 방귀에서 나오는 메탄, 축산 분뇨와 비료에서 배출되는 아산화질소(N_2O)까지 헤아리면 육식을 하는 그대가 곧 '기후 악당'이다. 전 세계 축산 분야의 온실가스 배출량은 자동차, 트럭, 비행기를 포함한 교통 부문과 맞먹는다.

그러나 육식은 여전히 우리 사회에서 민감한 문제다. 고깃집에서 맛있게 식사하고 있는데 환경단체 활동가들이 들어와 죄인 바라보듯 시위하면 당연히 불편한 감정이 생길 수밖에 없다. 육식이든 채식이든 식단은 개인의 선택이고 사적인 영역이다. 누군가가 억지로 강요할 수 없다. 고백하자면 나 역시 "소고기는 사랑입니다"라는 말을 자주 쓴다.

일방적으로 육식 대신 채식을 하라고 요구할 수 없으므로 음식을 기후의 관점에서 바라볼 수 있도록 대중의 인식을 전환해야 한다. 독일 프랑크푸르트에선 2014년부터 '기후 미식 축제'가 열리고 있다. 온실가스 배출 감소와 지속 가능한 생태계를 위해 기후 미식가가 되자는 의도에서 시작됐다. 육식주의자도, 채식주의자도 아닌 기후 미식가라니 좋지 아니한가.

북극곰도 순록도 원치 않은 식단 변경까지 하며 생존을 위해 몸

부림치고 있다. 북극곰은 순록을 먹기 싫었을 것이고 순록은 다시마가 너무 짜서 몸에 좋지 않다는 것을 알면서도 먹었을 것이다. 고기의 소비를 점차 줄여나가는 것만으로도 기후위기를 늦출 수 있다. 지구인이 모두 행동한다면 모두의 습관이 되고 변화는 생각보다 빨리 찾아올 것이다. 북극곰에게 느끼는 죄책감을 덜 수 있는 가장 간단한 방법이 아닐까.

입시 위주
영어 교육의 참패

이번 북극 취재에서 가장 속상했던 점은 나의 참담한 영어 실력이었다. 대한민국에서 교육받은 사람이라면 누구나 중학교와 고등학교 6년간 '빡세게' 영어를 공부한다. 현행 교육 과정에선 영어 교육의 시작이 초등학교 3학년으로 빨라졌으니 무려 10년간 영어를 배우게 된다. 그러나 영어는 시험 성적만으로 평가할 수 없는 생존의 기술인 것을 북극에서 알게 됐다.

주변의 도움을 받기도 했지만, 기본적으로 통역 없이 출장 일정을 소화하다 보니 근본 없는 영어 실력에 창피해서 숨고 싶었다. 구글 번역기나 파파고 같은 앱을 이용하기도 했지만 한계가 있었다. 인터뷰이를 세워놓고 급한 마음에 손짓, 발짓하는 모습이란…. 나를 소개할 때는 '한국의 BBC'인 KBS에서 왔다고 해놓고 공영방송 기자가 이래도 될까 싶은 기분.

제플린 관측소로 가는 케이블카 안에선 긴 침묵이 이어졌다. 겨우 용기를 내어 '스몰 토크small talk'를 하고 있는 나 자신이 초라하기 그지없었다. 인터뷰하는 과정에서도 나의 생각을 완벽하게 전달하지 못해 가슴이 답답했다. 늘 보던 온실가스 그래프며, 장비며, 빙하 사진인데 입 밖으로 말이 잘 나오지 않았다.

한 가지 어처구니없는 에피소드도 있었다. 내 인생에 너무나 중요한 '이산화탄소'에 대해 영어로 질문하는데 머릿속에는 '카본 디옥사이드carbon dioxide'라는 어려운 단어밖에 떠오르지 않았다. 그런데 루네 노르웨이 기지 대장이 질문에 대해 '씨오투CO_2'라고 간단하게 답하는 순간 탄성이 나왔다. 왜 그 쉬운 화학식이 떠오르지 않았을까?

이공계 영어는 사실 인문계보다 쉬운 편이다. 숫자와 단위 표현이 전 세계 공통이고, 실험이나 관측에 의한 결과를 객관적으로 제시하면 되기 때문이다. 해외에 유학을 간 대학 친구들 얘기도 그랬다. 그러나 쉬운 편이라는 거지 아예 쉽지는 않았을 것이다.

언어의 장벽만 아니었어도 내가 BBC나 CNN 기자보다 더 잘했을 거라는 자신감은 나만의 것이었다. 세상 밖으로 나오면 그저 어린아이 수준의 단어만 늘어놓는 실력 없는 기자로 비칠 게 뻔했다. 해외 취재를 나올 때마다 한국에 돌아가면 영어 공부를 열심히 해야

겠다는 결심을 하게 된다. 그러나 결심은 그 순간뿐, 읽던 논문이 길어지면 나도 모르게 구글 번역기에 손이 가고 영어 공부는 토익 시험 날짜를 잡기 전까지는 불가능한 미션이다.

평소에 시간이 없고 모든 일을 빠르게 마쳐야 한다는 부담감 때문일까. 다음 해외 취재가 언제, 어디로 잡힐지 가늠할 수는 없지만 그때는 지금보다 영어 실력이 더 나아져 있길. 조금 더 여유를 가지고 실용적인 영어 공부를 할 수 있는 내가 되길. 말문이 트일 그날을 기대해도 될까?

* *

이렇게 북극 현지 취재가 마무리됐다. 처음 목표했던 것보다 훨씬 많은 현장과 목소리를 담을 수 있었다. 아쉬웠던 점도 떠오르고 다음번에는 이렇게 해야지 하는 새로운 다짐도 생겨났다. 북극의 백야와 날씨, 그리고 풍경에 익숙해지면서 떠나기가 아쉬운 맘이 컸다. 하루만 마음 편히 관광객 모드로 보낼 수 있다면 좋을 텐데.

촬영기자 후배는 아버지와 함께 꼭 다시 오고 싶다고 했다. 나도 북극에 다시 올 수 있을까? 그때는 평온한 마음으로 왔으면 좋겠다. 심장이 마구 뛰는 것도 좋지만 물과 같은 마음으로 지나가는 것들을 천천히 흘려보낼 수 있는 마음가짐으로 다시 이곳에 오길 바란다.

북극에서의 마지막 만찬.

4장

지구의 고장 난 심장,
북극의 경고를 전하다

다시
어둠의 세계로

마그리트의 캔버스 같은 백야와 작별하고 지상의 밤으로 돌아온 건 경유지인 카타르 도하에서였다. 정신없는 피로감에 계속 쓰러져 있었다. 잠시 눈을 떴을 때 창밖으로 아주 오랜만에 마주한 어둠이 서서히 내려앉고 있었다. 그 순간 온몸에 전율이 흘렀다. 어둠은 조용하고 적막하면서 캄캄하고 짙었다. 낮의 세계에서 온 이방인에게는 더욱 그랬다.

　온몸의 고단함이 한꺼번에 몰려와 나를 덮쳤다. 영원한 밤이 지속되는 것 같았다. 몸은 바위처럼 무거웠고 눈을 뜰 수 없었다. 그동안 못 잔 잠을 몰아서 잔 걸까. 인천공항에 도착할 때까지 한 번도 깨지 않았다. 으슬으슬 춥고 목이 아팠다. 너무 무리해서 찾아온 몸살이라고 생각했다.

입국 하루 뒤 보건소를 찾아가 코로나19 검사를 했는데 생각지도 못하게 양성이 나왔다. 한국에서 2년 넘게 피해왔는데 북극에서 감염되다니. 사람을 많이 만나서 그랬을까. 인터뷰할 때는 입 모양이 보여야 소통이 원활해서 마스크를 쓰지 않았는데. 북극에는 마스크를 쓴 사람이 드물기도 했고 방심한 틈을 타서 바이러스가 침투했나 보다.

오미크론 변이는 듣던 것보다 강력했다. 피로가 겹쳐서 몸은 먹구름처럼 무겁게 가라앉았고, 목이 찢어질 듯 아프고 기침이 멈추지 않았다. 진통제만으로는 견디기 힘들어서 결국 전화로 진료를 보고 퀵 서비스로 약을 처방 받아서 먹었다.

2019년 12월 중국 후베이성 우한시에서 처음 보고된 코로나19 바이러스가 2020년 새해부터 전 세계로 퍼져나갔다. 우리나라에도 1월 20일에 첫 확진자가 발생했다. 3월 들어 WHO(세계보건기구)는 '팬데믹(세계적 범유행)' 선언을 하기에 이른다.

KBS 보도본부도 모든 뉴스를 '코로나19 통합 뉴스룸' 체제로 전환하고 관련 소식을 전하는 데 총력을 기울였다. 매일매일의 확진자 수와 사망자 수, 지역별 상황 등 현황을 전하는 업무는 내가 소속된 재난미디어센터에서 맡게 됐다. 기자들이 뉴스에 출연해 코로나19 브리핑을 하게 된 건데, 복잡하고 어려운 숫자를 그래프로 알기 쉽게 전달하는 것이 목적이었다.

코로나19 브리핑을 오랫동안 하다 보니 행동이 자유로울 수가 없었다. 사회적 거리두기가 강화될 때마다 방송에서 '밀집된 장소에 가지 말고 사적인 만남을 자제하라'고 강조했다. 당연히 나 역시 그래야 했다. 식당이나 쇼핑몰에도 가지 못하고 여행은커녕 주말마다 집에 머물렀다. 가끔은 가슴이 답답해서 남편에게 드라이브라도 갈까 하고 물으면 누가 알아보면 어떡하냐는 대답이 돌아왔다. 마스크를 써도 알아볼 사람은 알아본다며 괜히 욕먹을 일을 만들지 말라는 것이다.

친한 사람과 만나지도 못하고, 명절에도 부모님을 위해 고향에 내려가지 말라고 당부하던 시절이었다. 인내심이 바닥을 드러내기 시작했다. 원인 모를 분노가 타인에게 향하고 끝 모를 절망과 두려움에 주저앉고 싶던 시절이기도 했다. 참 잔인한 바이러스.

나는 바이러스와 싸우기 위해 강박에 가까울 정도로 손을 씻고, 사람들과 거리를 두고, 잔여 백신을 일찍 예약해서 맞았다. 주변에 확진자가 계속 나왔지만 나는 끝까지 걸리지 않길 바랐다. 그러나 북극에서 긴장의 끈을 놓은 사이 몸이 무너진 것이다.

한국의 밤은 고통스러웠다. 지나치게 덥고 습했고 시차 적응 때문에 잠이 오지 않았다. 2~3일 심하게 앓았다. 그러나 내가 자가격리를 하는 동안에도 시계는 바쁘게 돌아갔다. 마음이 급했다. 주어진 시간이 많지 않았다. 일단 촬영기자가 영상을 업로드하기가 무섭게 영상 프리뷰와 인터뷰 번역을 맡겼다.

사흘이 지나자 몸이 조금씩 나아졌고 침대에서 원고를 쓰기 시작했다. 낮의 나라에서 과로와 바이러스까지 짊어지고 온 나는 밤의 나라에서 회복과 동시에 다시 달리기 시작했다. 아직 북극 탐험이라는 게임은 끝나지 않았다. 이번에는 어떤 스테이지가 나를 기다리고 있을까.

짧은 시간 동안 너무 많은 취재를 해서인지 원고가 넘치고 또 넘쳤다. 아무리 줄이려고 해도 2부작 분량이 나왔고, 결국 구성작가가 손에 칼을 쥐고 원고를 쳐내기로 했다. 내 입장에선 어느 부분이든 제 살처럼 도려내기 아까웠지만 시청자의 눈에 어떤 장면이 더 인상적이고 흥미로울지 판단해 핵심만 보여줘야 했다.

극지연구소의 쇄빙선 아라온에 부탁한 인터뷰를 충분히 사용하지 못하게 됐을 때는 아쉬움이 컸다. 우리는 스발바르제도로 향해 다산기지를 취재했지만 같은 시기에 아라온은 베링해를 지나 축치해와 동시베리아해를 탐사 중이었다. 동시에 두 현장을 모두 커버할 순 없었기 때문에 아라온에서 영상과 인터뷰를 제공받았다.

눈발이 날리는 추운 날씨에 아라온에서, 해빙 위에서 진행한 인터뷰가 도착했는데 막상 들어갈 자리가 없었다. 고생한 인터뷰이를 생각하면 어떻게 해서든 배치해야 했지만 다큐멘터리의 전체적인 흐름상 중복되거나 어울리지 않는다고 최종 결정을 내렸다.

기자로 일하다 보면 사정상 인터뷰가 나가지 못하는 경우가 비일비재하다. 거리에서 만난 시민 인터뷰도 그렇고 현장에 동행한 전문가 인터뷰도 마찬가지다. 언제 뉴스에 나오냐고 연락이 오면 곤란해서 입이 10개라도 할 말이 없다. 이런 일이 생기는 첫 번째 이유는, 기자가 의욕이 넘친 탓에 인터뷰를 너무 많이 해서 분량이 넘쳤기 때문이다. 뉴스 한 꼭지의 시간은 예전 1분 20초에서 지금은 2분 정도로 늘었지만, 여전히 많은 내용을 담기에는 짧은 시간이다. 인터뷰 길이는 보통 10초 안팎이므로 인터뷰가 여러 개라면 가장 임팩트가 큰 인터뷰를 선택할 수밖에 없다.

두 번째 이유는 데스크의 판단에 의해서다. 예전에 전문가와 함께 해안가 이상파랑을 취재한 적이 있었는데 데스킹 과정에서 전문가의 인터뷰가 통째로 삭제됐다. 기사의 분량이 넘쳤기 때문이다. 같이 고생한 전문가에게 너무 미안해서 인터뷰는 꼭 살려야 한다고 주장했지만 데스크가 보기에는 중요도가 떨어졌다. 9시 뉴스가 나가기 직전에 메시지를 보내 사정을 알렸지만 속상한 마음에 고개를 들 수가 없었다. 이런 민망한 상황이 발생하지 않으려면 취재 전에 적당한 인터뷰 분량을 정하고, 꼭 들어가야 하는 인터뷰에 대해서는 데스크에게 미리 귀띔이라도 해야 한다. 데스크는 직접 취재를 나가지 않았기 때문에 현장 상황 대신 문맥으로 원고를 수정할 때가 많다. 현장을 가장 잘 아는 것은 취재기자다. 따라서 살려야 할 인터뷰가 있다면 적극적으로 어필해야 한다.

취재를 하다 보면 누군가의 도움이 크게 작용할 때가 많다. 현장을 잘 아는 환경단체나 교수, 연구원과 동행하거나 제보자가 있는 뉴스가 그 사례다. 뉴스는 인터뷰이에게 일일이 사례금을 지급하지 못할 때가 많다. 따라서 자발적 선의에 대한 보상을 뉴스로 돌려줄 수밖에 없다고 생각한다. 그런데 최소한의 보상도 없다면 다음번을 기약하기가 힘들다.

만약 인터뷰가 삭제되면 상황을 잘 설명하고 오해가 생기지 않도록 해야 하지만 이는 나에게도 어려운 숙제다. 인터뷰 하나를 추가하려면 편집부에 시간을 더 달라고 해야 하는데 이미 꽉 짜인 뉴스 큐시트에서 현실적으로 어려울 때가 많다. 리포트를 제시간에 만들어야 한다는 압박감에 데스크를 설득할 시간도 부족하다. 그래서 지시대로 원고를 수정하는 경우가 많다.

나의 과거 인터뷰이들에게 이번 기회에 제대로 사과드리고 싶다. 상황을 미리 알리지 못하고 충분하게 설명하지도 못해서 죄송하다고, 앞으로 그런 일은 없을 테니 어느 날 갑자기 불쑥 연락해도 예전처럼 반갑게 받아달라고 말이다.

코로나19 격리가 끝나고 8월 2일 드디어 회사에 출근했다. 7월 10일 밤에 회사를 떠나 북극으로 향했으니 거의 한 달 만에 다시 여의도에 돌아온 셈이다. 9층에 있는 〈시사기획 창〉 사무실에 자리를 잡았다. 북극 취재 내용은 8월 16일부터 19일까지 나흘간 9시 뉴스에 내보내기로 했다. 〈시사기획 창〉의 예고편 격으로, 본방송은 8월 23일로 잡혀있었다.

1시간짜리 다큐를 준비하는 동시에 9시 뉴스 네 꼭지를 챙기느라 정신이 없었다. 호흡이 긴 다큐멘터리와 길이가 짧은 9시 뉴스는 원고 구성뿐만 아니라 인터뷰 길이, 그래픽 제작 등 모든 것이 따로 진행됐다. 9층 시사제작국에서 3층 보도 그래픽실, 편집실, 4층 다큐 편집실을 쉴 새 없이 오르내렸다. 그 와중에도 다큐 홍보를 위해 회사 유튜브와 라디오에 출연하고 외부 인터뷰에 응하는 등 바쁜 나날이 이어졌다.

KBS 유튜브 〈댓글 읽어주는 기자들〉 출연(2022년 8월 25일 공개).

다큐멘터리라는
거대한 도전

〈시사기획 창〉에 방영될 다큐멘터리 제목을 정하는 일은 무엇보다 중요한 과제였다. 9시 리포트나 디지털 기사의 제목을 붙일 때도 수없이 고민하는데 하물며 1시간짜리 다큐멘터리의 제목이라면! 평생 나와 함께할 자식의 이름을 짓는 기분이랄까. 사랑이? 하늘이? 겨울이?

북극 취재를 처음 기획할 때에는 '코드레드, 북극에 가다'라는 제목을 밀었다. '코드레드Code Red'는 매우 심각한 위기 상황을 뜻한다. 2021년 〈IPCC 6차 제1실무그룹 보고서AR6 WG1〉가 나왔을 때 안토니오 구테흐스 UN 사무총장은 온실가스 배출 중단을 호소하며 이번 보고서가 인류에 대한 '코드레드'라고 언급했다.

6차 보고서는 지구의 평균온도가 산업화(1850~1990) 이전보다 1.1℃ 상승했으며 인간이 초래한 지구온난화는 명백한 사실이라고 결론지었다. 지금 당장 전 세계가 힘을 모으더라도 파리협정에서 약속한 인류 생존의 마지노선인 '1.5℃ 온난화'를 20년(2021~2040) 안에 넘게 될 것이라고 전망했다. 말 그대로 최대 위기 상황인 셈이다.

2015년 파리협정에서 전 세계는 2100년까지 지구의 온도 상승 폭을 산업화 이전과 비교해 2℃, 가급적 1.5℃ 안으로 억제하고 2050년까지 탄소중립을 달성하기로 선언했다. 과거부터 수만 년의 일정한 주기로 빙기와 간빙기가 반복됐지만 200년도 안 되는 짧은 시간 동안 지구의 온도가 이렇게 급격하게 상승한 적은 단 한 번도 없었다.

2018년 인천 송도에서 채택된 〈IPCC 지구온난화 1.5도 특별 보고서Special Report Global Warming of 1.5℃〉에는 지구의 평균온도가 산업화 이전보다 2℃ 이상 올라가면 되돌릴 수 없는 파국이 예상되므로 2℃가 아닌 1.5℃로 제한해야 한다는 내용이 담겼다.

적극적인 온실가스 감축에 나서더라도 이미 대기 중에 누적된 온실가스 탓에 2030~2052년쯤에는 지구의 온도 상승 폭이 1.5℃를 넘을 것이라고 내다봤다. 그런데 3년 뒤인 2021년에 나온 IPCC 6차 보고서는 그 시점을 2021~2040년으로 10년 앞당겨 잡았다. 기후위기의 시계가 더 빨라진 것이다.

이후 조 바이든 미국 대통령은 허리케인이나 홍수, 산불 피해 현장을 찾았을 때 코드레드라는 표현을 자주 사용했다. 기후위기가 미국인의 삶과 경제에 실존적인 위협이 됐다고 강조했는데, 미국 같은 선진국도 기후재난의 예외가 아님을 보여준다.

기후위기의 영향이 가장 증폭되어 나타나는 북극을 보여주기 때문에 '코드레드'라는 단어가 잘 어울린다고 생각했다. 북극의 위기가 곧 지구의 위기라는 메시지를 전달하고 싶었다. 9시 뉴스 연속 기획은 '기후비상사태 코드레드, 북극에 가다'라는 제목으로 하기로 했다.

그런데 다큐의 경우 좀 더 강력하면서도 여운이 있는 제목이 필요했다. 역시 제목 붙이는 게 가장 어렵다. 작가와 편집감독 등 스태프들과 상의하고 〈시사기획 창〉 데스크와도 의논했다. 다양한 제목이 쏟아져 나왔다. '기후재앙의 경고 코드레드', '북극 기후조절자의 경고', '기후재앙의 진원지 북극을 가다', '코드레드 북극은 경고한다', '검은 북극', '북극의 비명'….

문제는 북극 다큐멘터리 하면 사람들이 여전히 2008년에 방영된 MBC 〈북극의 눈물〉 시리즈를 떠올린다는 점이었다. 14년이나 흘렀지만 그사이에 기억에 남을 만한 북극 다큐멘터리가 없었던 데다 '지구의 눈물' 시리즈는 아마존, 남극으로 확장돼 시청자의 기억에 강력하게 남았다. 하지만 나는 단 한 편의 다큐멘터리로 시청자 앞에 서야 했다.

북극 출장 전에 촬영기자가 참고하라고 알려준 북극 다큐멘터리는 대부분 장엄한 영상미로 승부하고 있었다. 거대한 빙하가 무너지고, 쇄빙선의 항해 여정을 담고 있거나, 극한의 환경에서 고투하는 북극곰이나 펭귄의 모습이 등장했다. 제작 기간만 몇 년에, 촬영 인력도, 장비도 어마어마한 BBC 클래스의 해외 다큐들이었다.

유튜브를 잠깐만 검색해도, 넷플릭스에도 북극 다큐멘터리는 널려있다. 훌륭하고 멋진 영상은 대중의 눈높이를 저만치 높여놓았고 정교한 로봇 카메라를 설치하지 않는 이상 북극곰 영상을 BBC만큼 잘 찍을 수는 없다. 우리에게 주어진 시간은 2주, 인력은 3명이 전부에다 보도국 예산은 구체적으로 말하지 않아도 빡빡한데 어떻게 승부를 봐야 할까?

고민에 고민을 거듭하다가 기상전문기자가 북극에 간 적은 없지 않나 하는 생각이 떠올랐다. PD나 일반 기자의 시각으로 만들어진 다큐는 많지만, 지구의 기후를 조절하던 북극이 뜨거워지면서 몰고 오는 재난에 대해 주목한 적은 없었다. 바로 기상전문기자의 전문 분야 아닌가. 북극의 온난화가 몰고 온 제트기류 약화가 우리나라의 한파와 열돔 폭염, 장마, 태풍, 미세먼지와 연결된다는 사실을 기상전문기자의 시각에서 보여주기로 결심했다.

그러다 보니 제목은 만장일치로 '고장 난 심장, 북극의 경고'가 됐다. 지구의 기후를 조절하던 북극이 고장 났고 그 경고에 귀를 기울여야 한다는 의도가 담겼다. 북극의 위기가 북극곰이나 북극 주민만의 문제가 아니라 '곧 나의 위기'라는 연결고리를 강조하고 싶었다. 북극 빙하와 해수면 상승, 해빙과 한반도 기후재난, 영구동토층의 붕괴가 불러올 기후의 '티핑 포인트'. 스발바르 종자 저장고의 침수와 인류의 미래에 대해서도 의미 있는 질문을 던지고 싶었다. '고장 난 심장'이라는 표현은 북극 롱이어비엔에서 만난 남승일 극지연구소 박사의 인터뷰에서 아이디어를 얻었다.

예기치 못한
중부지방 기습 폭우

북극에서 돌아온 뒤 오랜만에 3층 보도국 내 자리로 출근한 날이었다. 다정한 얼굴의 선배와 후배, 기상캐스터, 디자이너, 물심양면으로 출장을 도와준 행정 담당 후배까지 살아서 다시 만나니 너무 기뻤다. 다들 내가 출발하기 전에 맘고생한 것을 알기에 무사히 돌아왔다며 반겨줬다. 고민하던 다큐멘터리 제목도 정해졌겠다, 가원고를 편집실에 전달한 뒤 가벼운 마음으로 9시 원고를 준비하고 있었다.

　그날은 아침부터 날씨가 심상치 않았다. 후배들이 레이더 영상을 보면서 강한 비구름이 서울로 들어온다고 걱정하고 있었다. 특보를 해야 할 상황인지 조금 더 지켜보자는 분위기였다. 내가 사무실로 돌아오자 재난을 몰고 온다며 북극에 더 있다 오지 그랬냐고 농담을 던지기도 했다.

그런데 분위기가 점점 심상치 않게 변했다. 오전 11시 레이더 영상에 보라색으로 보이는 강한 비구름이 포착됐다. 경기도와 강원도에 시간당 100mm 안팎의 폭우가 쏟아졌다. 오후 들어 비구름은 충청 지역으로 처지다가 저녁이 되자 수도권으로 몰려오기 시작했다. 퇴근길 서울 곳곳이 물바다로 변했다. 사무실은 소란스러워졌고 후배들은 특보를 준비하느라 난리가 났다. 훗날 '2022년 8월 8일 중부지방 폭우'라고 불리게 된 재난의 현장이었다.

이튿날까지도 정체전선이 강해졌다 약해졌다 하면서 중부지방에 기록적인 비를 몰고 왔다. 장마가 끝난 뒤에 다시 정체전선이 활성화되며 발생한 전형적인 2차 장마였다. 보통 8월 말에서 9월쯤 찾아와 '가을장마'라고도 부르는데, 이례적으로 시기가 빨랐고 강수량도 많았다.

서울에선 한강 남쪽에 집중호우가 쏟아졌다. 8월 8일 저녁 9시 5분, 기상청이 있는 서울 동작구 신대방동 관측소의 시간당 강수량이 141.5mm에 도달했다. 서울에서 근대적인 기상관측을 시작한 1907년 이후 115년 만에 가장 강한 비가 쏟아진 것이다. AWS(자동기상관측장비)에 실시간으로 찍히는 숫자를 보고도 믿을 수가 없었다. 서울에서 관측된 가장 강한 비는 1942년 8월 5일 서울 종로구 송월동의 시간당 118.5mm였는데 80년 만에 새로운 기록이 나왔다.

이날 신대방동의 일 강수량도 381.5mm로 이전 최고치인 354.7mm(1920년 8월 2일)를 102년 만에 뛰어넘었다. 2022년 8월 8일은 비의 강도와 양에서 모두 기록적인 날이었다. 다만 서울 강수량의 기준이 되는 공식 관측소는 종로구 송월동 관측소이기에 8월 8일 신대방동 강수 기록은 비공식 참고 자료로 남게 되었다.

서울에서도 한강 남쪽의 동작구, 강남구, 서초구, 관악구, 구로구에 피해가 집중됐다. 집과 자동차가 물에 잠기고, 물이 차오른 지하철 역사에선 지붕이 무너져 사람들을 위협했다. 반지하 주택과 맨홀에서도 안타까운 인명 피해가 발생했다. 시간이 지날수록 피해는 눈덩이처럼 불어났다.

8월 8일 중부지방의 폭우는 극한 수준의 자연재해이자 기후재난이었다. 기상청의 폭우 예보가 있었지만, 2차 장마로 만들어진 정체전선이 한반도에 사흘이나 머물며 이렇게 강한 비를 뿌린 건 처음이었다. 배수가 원활하지 못한 상습 침수 지역이어서 피해를 키웠다지만 지하 빗물 저장 시설이나 배수관 확장으로 안타까운 희생을 줄일 수 있었다는 점에서 부주의와 방심도 결코 가볍게 볼 수 없다.

서울 강남역 일대의 하수 처리 용량은 시간당 95mm, 그러니까 30년 빈도의 강우를 감당할 수 있는 수준이었다. 30년 빈도는 30년에 한 번 내릴 수 있는 극한 강우를 의미한다. 그러나 시간당 100mm를 넘나드는 폭우에 하수도는 역류하고 홍수가 날 수밖에 없었다.

도시 홍수 예방 시설인 하수도는 최대 30년 빈도, 소하천은 50~100년, 국가하천은 100~200년 빈도로 설계돼 있다. 50년 빈도의 강수량은 시간당 100mm, 100년 빈도는 시간당 110mm를 의미한다. 그러나 이번 사례에서 보듯 30년 빈도의 하수관으로는 더 이상 안전을 보장할 수 없게 됐다. 신대방동에 내린 시간당 141.5mm의 강우량은 500년에 한 번 내릴까 말까 한 어마어마한 양이었다. 도시의 지하에 매설돼 있는 오래된 하수관들은 급변하는 기후 속에서 더 이상 제 기능을 발휘할 수 없게 됐다. 큰 희생을 겪은 뒤 서울시는 하수시설의 처리 용량을 최소 50년 빈도에서 최대 100년 빈도로 상향하기로 했다.

8월 8일 중부지방의 폭우는 기상학적으로 큰 기록을 남겼고 사람들의 가슴속에 씻을 수 없는 상처를 새겼다. 그날 보도국에 있었던 나도 마찬가지였다. 한 번도 경험한 적 없는 흉포한 얼굴로 삶을 위협하는 기후재난, 〈시사기획 창〉의 도입부는 이날 폭우 피해로 시작하기로 마음먹었다. 정체전선의 비정상적인 움직임과 감당할 수 없을 정도로 세력을 키운 비구름 뒤에는 기후위기와 북극이라는 그림자가 있었다.

기후위기와
장마 유감

내 생일은 장마철이다. 그날은 대부분 비가 왔다. 비가 오는 것도
꿀꿀한데 학교 다닐 때는 기말고사 기간까지 겹쳐서 미역국을 제
대로 먹어본 적이 없다. 미역국 먹으면 시험에 미끄러진다는 미신
을 철석같이 믿었기 때문이다. 기상전문기자를 하면서 장마는 다
른 의미로 다가왔다. 기상청과 대중 사이에 가장 큰 괴리감이 존
재하는 개념이 바로 장마였고 그래서 장마에 대한 기사를 자주
쓸 수밖에 없다.

　사람들은 여름에 비가 자주 오면 장마가 시작됐냐고 묻는다. 하
지만 장마의 기상학적 정의는 '여름철 정체전선에 의해 내리는 비'
다. 정체전선은 성질이 서로 다른 공기 덩어리가 만나는 경계에 만

들어진다. 공기 덩어리의 세력이 엇비슷한 탓에 한자리에 머물러 있거나 느리게 이동하는 성질이 있다. 여름철 한반도 주변에선 남쪽의 뜨겁고 습한 북태평양고기압과 북쪽의 차고 건조한 공기가 만나 정체전선이 만들어진다. 장마전선은 정체전선과 같은 뜻으로 기상청은 장마전선 대신 정체전선이라는 용어를 사용하기로 했다.

'장마'의 어원은 700년 전으로 거슬러 올라간다. 1500년대 중반부터 '길다 장長' 자와 비를 의미하는 '마ㅎ'를 결합해 썼다. 1700년대 후반 들어서는 '장마ㅎ'를 '장마'로 표기했고 일제강점기 이후 '장마'라는 단어가 등장했다. '긴 비'라는 어원처럼 장마의 사전적 정의는 '여름철에 여러 날 계속해서 내리는 비, 또는 현상'이다.

> 후두둑 후두둑 유리 없는 창문으로 들이치는 빗소리를 들으며, 사십주야를 비가 퍼부어서 산꼭대기에다 배를 묻어 둔 노아네 가족만이 남고 이 세상이 전멸을 해버렸다는 구약 성경에 나오는 대홍수를, 원구는 생각해 보는 것이었다.
>
> ─손창섭, 〈비오는 날〉(1965)

대표적인 전후 세대 작가인 손창섭의 이 단편소설에는 시작부터 끝까지 비가 내린다. 소설의 주인공이 '비'라고 해도 과언이 아니다. 기나긴 장마에 접어들면서 6·25 전쟁을 겪은 사람들의 마음속에는 눅눅한 우울과 절망이 짙어진다.

밭에서 완두를 거두어들이고 난 바로 그 이튿날부터 시작된 비가 며칠이고 계속해서 내렸다. 비는 분말처럼 몽근 알갱이가 되고 때로는 금방 보꾹이라도 뚫고 쏟아져 내릴 듯한 두려움의 결정체들이 되어 수시로 변덕을 부리면서 칠흑의 밤을 온통 물걸레처럼 질퍼히 적시고 있었다.

—윤흥길, 〈장마〉(1973)

1970년대 작가 윤흥길의 소설 〈장마〉에는 처음부터 끝까지 비의 흔적이 가득하다. 며칠이고 계속되는 비, 칠흑의 밤을 물걸레처럼 적시는 비는 6·25 전쟁과 분단으로 인한 불안, 공포, 비극을 고조시키는 역할을 한다. 결국 모든 갈등이 마무리되고 극적인 화해가 이뤄지는 순간 소설 속 장마는 끝이 난다.

통상 장마라 하면 소설에 등장하는 '사십주야 비가 퍼붓는 대홍수'나 '젖은 물걸레'처럼 오랜 시간 동안 내리는 비를 떠올린다. 실제로 장마철에 내리는 비는 평균 350mm 안팎으로 우리나라 연평균 강수량의 25%가량을 차지한다. 따라서 사람들은 장마의 사전적 정의처럼 여름에 비가 연일 오면 장마로 받아들인다.

그러나 장마의 본질은 한 달 남짓 비를 몰고 오는 '정체전선'이다. 정체전선이 아닌, 대기 불안정에 의한 소나기 또는 저기압이라면 엄밀히 말해서 장맛비가 아니다. 사람들이 이해하는 장마의 정의와 기상학적 정의가 어긋나는 순간 복잡한 오해가 발생한다.

보통의 장마는 6월 하순 시작돼 7월 하순이면 끝났다. 기상청은 올여름 장마가 끝났다고 발표했고 이는 곧 찜통더위가 찾아온다는 신호로 받아들여졌다. 1년 중 가장 덥고 습한 '7말 8초(7월 말 8월 초)'를 맞아 학교는 여름방학을 하고 사람들은 휴가를 떠났다.

그런데 2000년을 기점으로 상황이 달라졌다. 장마가 시작됐는데도 비다운 비가 오지 않는 마른장마가 닥친 것이다. 남부지방이나 중부지방 가운데 어느 한쪽에만 비를 뿌리는 '반쪽 장마', 중부지방에 먼저 장맛비가 시작되는 '거꾸로 장마', 평년보다 늦게 시작되는 '지각 장마', 새벽에만 비를 퍼붓는 '야행성 장마' 등 변칙 장마가 늘었다. 장마가 끝난 뒤에도 국지성 폭우가 쏟아지는 날이 많아졌다. 하지만 '장마가 끝났다'는 시그널은 사람들의 마음속에 안심과 방심을 키웠고 결국 돌이킬 수 없는 피해를 불러왔다.

기상청은 1961년부터 해오던 장마의 시종始終 예보를 2009년에 접었다. 시종 예보란 전국을 중부, 남부, 제주도로 나눠 장마가 언제 시작하고 끝날지 알려주는 예보다. 기후위기로 여름철 강수 형태가 변했기 때문이다. 장마가 시작됐다고 선언했지만 장마답지 않은 장마가 이어지고, 장마가 끝났다고 발표했더니 폭우가 쏟아지는 일이 잦아졌다. 만약 소설가 손창섭과 윤흥길이 지금의 기후위기 시대를 경험하고 썼다면 전혀 다른 소설이 나오지 않았을까.

빠르게 변하는 장마 양상에 대중의 혼란과 기상청을 향한 비난도 커졌다. 기상청이 장마 예보에 자신이 없어서 시종 예보를 관둔 것 아니냐는 목소리도 물론 있었다. 그 얘기도 틀리지는 않다. 시간이 갈수록 장마 예측이 어려워진 것은 부인할 수 없는 사실이다. 과거 장마가 과학 교과서에 나오는 것처럼 북태평양고기압과 오호츠크해고기압이라는 두 가지 변수로 이뤄진 방정식이었다면, 최근 장마는 변수가 늘어난 고차방정식으로 돌변했다. 건조한 공기를 몰고 오는 저기압뿐만 아니라, 티베트고원에 발달하는 뜨겁고 건조한 대륙고기압, 열대 몬순의 덥고 습한 공기, 여기에 북극발 찬 공기까지 힘을 겨루며 장마의 정체성을 뒤흔들어 놓고 있다.

2022년 8월 8일, 한 달 일찍 찾아온 2차 장마도 변칙 행보 가운데 하나다. 6월 하순에 찾아오는 장마는 남쪽 북태평양고기압과 북쪽 차고 건조한 공기의 힘겨루기로 시작된다. 이 시기 장마가 보통 제주도부터 시작되는 것은 일본 남쪽에 머물던 북태평양고기압이 점점 세력을 확장해 오기 때문이다.

7월 중순이 되면 덥고 습한 북태평양고기압이 더 강해져 우리나라를 완전히 뒤덮는다. 정체전선은 북한으로 밀려 올라가고 긴 장마는 이별을 고하게 된다. 이때부터 찜통에 갇힌 듯 진정한 폭염이 시작된다.

그러다가 8월 말이나 9월 초가 되면 상황이 급반전한다. 영원할 것 같던 더위가 한풀 꺾이고, 북쪽의 차고 건조한 공기의 세력이 강해진다. 전세가 뒤바뀌는 건데, 북쪽 찬 공기가 남쪽 공기를 치고 내려오면서 한반도 주변에 정체전선이 다시 만들어진다. 이것이 바로

2차 장마(가을장마)다.

제주도에서 시작해 남부, 중부지방으로 올라오는 여름 장마와 달리, 2차 장마 때 정체전선은 중부지방에서 남쪽으로 내려온다. 이때 세력이 비등비등한 공기 덩어리가 중부지방을 경계로 오래 대치하면 특히 인구가 밀집된 수도권에 큰 피해를 불러올 수 있다. 여름 장마가 끝난 뒤에도 안심할 수 없는 이유다.

2022년 여름 장마는 중부지방 기준 6월 23일 시작돼 7월 25일 끝났다. 그런데 2주 만에 2차 장마가 시작돼 기록적인 폭우를 퍼부었다. 여름 장마와 2차 장마 사이의 시간 간격이 이례적으로 짧아진 것이다.

과거에는 여름 장마와 2차 장마가 2개의 피크double peak로 뚜렷하게 구분됐다면 지금은 6월 하순부터 9월 하순까지 석 달 동안 4~5개의 멀티 피크multi peak로 비가 이어지는 '우기'의 특징을 보이고 있다. 시간당 30mm가 넘는 집중호우의 빈도 역시 최근 20년(2001~2020) 사이 1970~1990년보다 20%나 늘었다. 장마의 체질이 바뀌면서, 긴 시간 온화하게 내리던 장맛비가 짧은 시간에 퍼붓는 경향이 뚜렷해진 것이다.

장마 기간과 특징을 예측하기가 어려워지면서 방재 인력과 장비, 투입 시기 등 재난 대비 체계에도 변화가 불가피해졌다. 2022년 여름에 찾아온 2차 장마에 허를 찔리면서 장마철을 6월 하순에서 7월 중순으로 국한시킬 게 아니라 6월부터 9월까지를 비가 많이 오는 우기로 보고 대비해야 한다는 목소리가 커지고 있다.

　기상청도 학계, 언론, 시민과 함께 한국형 우기 도입에 대한 논의를 시작했다. 현실판 장마는 더 이상 소설 속 장마가 아니다. 기후위기로 인해 우리는 전통적인 장마와 작별하고 새로운 우기에 적응해야 하는 첫 세대가 됐다.

밤샘으로 다진
전우애

다큐멘터리 제목과 도입부가 결정되자 모든 일이 속도를 내기 시작했다. 제목 타이틀을 제작해 예고편을 만드는 작업과 그래픽 제작, 최종 사인이 난 원고로 편집하는 작업이 동시다발적으로 진행됐다. 나 역시 9층 시사제작국과 3층 보도국을 오가던 철새 인생에서 이제는 4층 다큐 편집실에 눌러앉게 됐다.

편집실에는 대여섯 개의 방이 있다. 각각의 방은 서너 명이 의자를 가지고 앉으면 꽉 찰 정도로 비좁은 공간이다. 편집실에서 가장 바쁜 곳은 방송을 코앞에 둔 방으로, 며칠 밤을 샌 듯 피곤한 얼굴의 편집감독과 자료 조사를 맡은 리서처가 분주하게 오간다. 우리 방은 편집감독과 구성작가, 나, 리서처 이렇게 4명으로 꽉 찼다. 그

구역

1 2 3

11 12

편집실 가는 길

래픽디자이너와 조연출은 9층 사무실에 있다가 급한 일이 있을 때 내려왔다.

코로나19 오미크론 변이의 전파가 심각할 때였다. 나는 격리를 막 마치고 엄청난 면역력으로 무장하고 돌아왔지만, 공교롭게도 우리 팀 대부분이 비감염자였다. 환기가 안 되는 비좁은 공간에 다닥다닥 앉아있다 보니 다른 편집방에서 코로나19 감염자가 꼬리에 꼬리를 물고 나오고 있었다. 우리 팀에선 확진자가 나오면 안 된다고 서로를 다독이며 마스크를 쓴 채 밤낮없이 일했다.

가장 즐거운 시간은 역시 밥 먹는 시간이었다. 방송 날짜가 다가올수록 삼시세끼를 함께하는 날이 많아졌다. 매끼 같이 먹으니 한 식구나 다름없었다. 9층에 있던 다른 스태프들이 합류하면서 인원이 늘어날 때도 있었다. 뭐 먹을지 고민하며, 오늘은 즉석 떡볶이? 미역국? 탕수육? 콩나물국밥? 이런 식으로 메뉴를 정했다. 방송에 대해 심각하게 고민하다가도 맛있는 음식을 앞에 두고 수다를 떨면 무거웠던 마음이 저절로 가벼워졌다.

저녁을 배불리 먹고 밤샘을 대비한 간식까지 사 들고 들어가면 어찌나 든든하던지. 가끔은 시원한 캔맥주를 홀짝거리며 일을 했는데 이런 낭만이 없었다면 견디기 힘들었을 것이다. 한 번 본 영상을 수십 번 다시 보며 어떤 컷이 좋은지 다 함께 치열하게 고민했다. 더 나은 인터뷰나 녹취가 없는지 찾고 또 찾았다. 같은 목표를 위해 모인 사람들끼리 같은 목표를 향해 쉼 없이 달렸다.

북극에 가기 전에 구성작가를 구하고 편집감독과 리서처를 지정 받았다. 가능한 한 자주 얼굴을 보고 만나 다큐에 대해 의논했는데 이제 최선의 결과를 만들기 위해 다 함께 애쓰고 있었다. 한 땀 한 땀 작품의 윤곽이 드러나고 디테일이 살아날 때마다 전율이 느껴졌다. 어쩌면 지극히 감동스럽기도 했다. 까만 밤을 하얗게 지새우며 편집실 모니터 앞을 떠나지 못하는 우리. 나 한 사람의 다큐멘터리가 아니라 우리 모두의 작품이고 청춘이고 열정이었다.

변수에 또 변수,
예측할 수 없는…

편집이 끝나고 순탄한 항해를 하고 있다고 느낄 때쯤 고비가 찾아왔다. 방송을 코앞에 둔 어느 날, 다큐멘터리 전반의 색을 일정하게 보정하는 작업에 엄청난 변수가 생겼다. 용량이 어마어마한 파일을 넘긴 뒤에 다시 받기까지 몇 시간씩 걸렸는데 막상 파일을 열어보니 우리가 원하는 톤으로 작업이 되지 않은 걸 발견한 것이다. 북극의 쨍한 느낌 대신, 로모 카메라로 찍은 영상처럼 비네트 효과가 드리워져 있었다. 화면의 테두리가 어둡게 흐려져 있고 노란색 빛이 강해지면서 여름에 찍은 영상이 가을로 둔갑해 버린 느낌이랄까.

긴장된 마음으로 색 보정 업체에 다시 작업해 달라고 요청했다.

시간이 새벽으로 넘어가서야 파일이 도착했고 또다시 결정적인 오점을 발견했다. 파일이 오가는 과정에서 영상에 미세하게 떨리는 부분이 생긴 것이다. 졸음에 겨운 내 눈에는 보이지 않았지만, 편집감독의 매서운 눈을 피할 수 없었다.

오류를 수정해 달라고 재차 요구했다. 시간은 새벽 3시에서 4시로 흐르고 있었다. 최악의 경우 색 보정 없이 방송을 틀어야 할지도 몰랐다. 영상으로 승부를 걸어야 하는 다큐멘터리에서 색의 톤이 들쑥날쑥하면 몰입감을 떨어트릴 수 있는데…. 마음속에 초조함이 자라났다. 날이 밝아오기 시작했다. 그리고 밝은 빛과 함께 기다림은 끝났다. 시간은 오래 걸렸지만 결국 문제가 해결된 것이다. 밤새 한숨도 못 잔 편집감독과 나는 순서를 정해 집에 가서 옷을 갈아입고 다시 편집실로 돌아왔다.

긴 밤을 함께 보내며 최대의 고비를 헤쳐나간 우리 팀에 또 일이 터졌다. 함께 고생한 리서처가 극심한 피로가 느껴진다며 자가진단 키트로 검사했는데 양성이 나온 것이다. 며칠 동안 잠도 제대로 못 잤는데 코로나19까지 확진됐으니 얼마나 힘들까.

고생했으니 빨리 집에 들어가서 쉬라고 했다. 다큐를 끝까지 마무리하고 싶었는데 안타깝다고 말하는 피곤한 얼굴을 보니 마음이 짠했다. "지금까지 너무 잘해줘서 고마워." 고지를 눈앞에 두고 정신없는 사건 사고가 계속되자 졸음도 달아났다.

잠시 후 갑자기 작가에게 전화가 왔다. 목소리가 갈라져 있었다.

나는 직감했다. 팬데믹의 파도가 우리 팀을 덮쳤다는 것을. 이미 제작이 거의 완료된 상태라 그나마 다행이었다. 전쟁을 함께 치른 전우들이 하나둘 쓰러져 가고 나라도 끝까지 정신을 차려야 한다는 긴장감이 감돌았다. 모두 힘을 모아 완성한 그림에 점 하나만 찍으면 화룡점정인데. 힘을 내야 했다.

제작의 마지막 단계인 종합편집이 우리를 기다리고 있었다. 자막, 음악, 더빙을 함께 편집해 방송에 나가는 완제품을 만드는 과정이다. 성우가 원고를 더빙할 때 호흡을 조절할 수 있도록 큐사인을 주는 일을 원래 작가가 하기로 했지만 코로나19 확진으로 내가 맡았다.

드디어 종합편집 날. 다사다난했던 북극 취재를 마무리하고 한 편의 정식 다큐멘터리가 태어나는 날이기도 했다. 오후 3~4시쯤 종합편집이 끝나고 최종 결과물이 넘어가면 그날 밤 10시에 〈시사기획 창〉이 생방송된다. 그동안의 고생이 이날 하루에 달렸다고 해도 과언이 아니다. 종합편집을 할 때는 데스크가 들어와 매의 눈으로 오류가 없는지 살핀다.

그동안 고생한 스태프들과 중국집에서 점심을 먹고 커피와 푸딩까지 주문했다. 손에 바리바리 들고 들어가는데 더빙을 맡은 성우에게서 연락이 왔다. 설마? 더빙까지 1시간 조금 넘게 남았는데, 이번에도 불길한 예감은 적중했다. 코로나19 증상이 나타나 병원에 가는 길이라고 했다. 엄청난 충격에 손에 들고 있던 커피를 떨어트릴 뻔했다. 벌써 3명째, 하늘이 또다시 나를 시험하는 것 같았다.

즉시 데스크에 연락해 성우 대신 더빙이 가능한 아나운서를 섭외해 달라고 부탁했다. 방송이 코앞인데 외부에서 섭외한 성우가 확진돼 사내 아나운서실에 연락하게 되다니, 면목이 없었다. 하지만 예측 불가능한 상황에서 기댈 곳은 같은 회사 사람밖에 없었다.

아나운서실에서 기다려 보라는 대답이 돌아왔고 심장이 쾅쾅 뛰었다. 이번 다큐와 어울리는 성우를 작가가 미리 섭외해서 대본까지 숙지시킨 상황이었다. 어떻게 이런 일이 생길 수 있을까. 그동안의 노력이 허사가 되는 기분이었다. 북극 취재는 변수로 시작해 변수로 끝나는구나. 즐거운 회식 분위기에서 갑자기 시베리아 눈폭풍을 맞은 것처럼 앞이 보이지 않았다. 그때 전화가 걸려 왔다. 나는 다급히 물었다.

"선배, 섭외됐어요?"

"응. 정세진 아나운서가 하기로 했어."

그 순간 '살았구나' 하는 환호성이 터져 나왔다. 북극 다큐멘터리를 처음 기획할 때부터 정세진 선배가 내레이션을 하면 좋겠다고 생각한 나였다. 먼저 아나운서실에 제안했다면 가능했을 텐데 다큐는 처음이라 잘 몰랐고 작가에게 추천받은 성우와 일하기로 결정했던 것이다. 그런데 어떻게 돌고 돌아 다시 제자리로 온 것 아닌가. 스태프들도 같은 마음이었다.

더빙 시간은 원래보다 조금 늦어졌지만, 종합편집을 하는 내내 북극 다큐멘터리가 제 목소리를 찾은 것 같아 고마운 마음이었다. 물론 코로나19라는 변수가 없었다면 또 다른 목소리로 태어났겠지만. 그러나 우연이 필연을 만든 것 같은 인생의 묘미에 감탄할 수밖에 없었다. 인생만사 새옹지마라고 코로나19의 트리플 공격에도 우리는 굴하지 않고 종합편집까지 무사히 마무리했다.

한 가지 놀라운 점은 우리 팀 4명 가운데 2명이 확진됐는데도 편집감독만 코로나19를 피했다는 점이다. 가장 오랜 시간 편집방에 머물며 밤도 많이 샜는데, 강철 면역인가? 평소 스쿠버다이빙과 수영, 골프 등 운동으로 단련돼서 그런가? 다큐의 마무리까지 완벽하게 버텨준 든든하고 멋진 그녀에게 열렬한 감사를 전하고 싶다. 내가 아는 모든 형용사와 수식어를 퍼부어도 아깝지 않다.

방송을 앞두고 예고편이 전파를 타기 시작했다. 우연히 우리 집 TV에서 예고편을 마주친 순간 얼른 휴대전화 동영상 버튼을 눌렀다. 어찌나 가슴이 두근거리는지. 생애 첫 다큐멘터리를 세상에 내놓기 전의 심정은 설렘, 긴장, 흥분, 걱정, 두려움 등 모든 감정이 뒤섞인 용광로 같았다. 8월 8일 중부지방을 할퀸 2차 장마의 상처가 여전히 깊게 드리워져 있었고 기후재난에 대한 대중의 관심이 높을 때였다. 많은 사람이 나의 첫 북극 다큐를 봐주기만 하면 바랄 게 없을 것 같았다.

그리고 오지 않을 것만 같던 2022년 8월 23일 화요일 밤 10시.

긴장을 누그러트리기 위해 맥주 한 캔을 홀짝거리며 TV 앞에 앉았다. 그 순간 작은 거실이 커다란 상영관으로 변했고 난 영화 시사에 임하는 감독이 됐다. 인천공항을 출발해 스발바르제도로 가는 장면에선 험난했던 그때가 떠올랐고 딕슨 피오르와 노르덴스키올드 빙하, 발렌베르크 빙하를 보자 북극에 대한 향수가 짙어졌다. 내 생애 첫 빙하와 북극, 그리고 다큐. 모든 것이 처음인 나에게 손을 내밀어준 인연들에 감사한 마음이 가득 차올랐다.

취기가 살짝 올라올 때쯤 다큐멘터리가 끝나고 엔딩 영상과 자막이 올라갔다. 코끝이 찡했다. 혼자라면 불가능했을 도전이었다. 방송이 끝나자 문자와 카카오톡 세례가 쏟아졌다. 행복한 감정과 고마움, 후련함, 피로감이 한꺼번에 쏟아지면서 그날은 한국에 돌아온 뒤 처음으로 깊고 편안한 잠을 잘 수 있었다. 밤의 세계에 다시 익숙해진 나.

고장 난 심장,
북극의 경고

수도권을 마비시킨 기록적 폭우.

서울 강남이 순식간에 물바다가 되고 저지대 주민들은

서둘러 대피했다.

같은 시각, 남부 지방은 뜨겁게 달아올랐다.

대구의 폭염 일수는 40일을 넘겨,

극한 폭염이 찾아왔던 2018년 기록을 뛰어넘었다.

둘로 쪼개진 한반도의 날씨.

극단적 이상기후로 지구촌 곳곳에서 재난은 일상이 됐다.

그리고 그 재난의 시작으로 지목된 곳, 북극.

차가워야 할 북극이 비정상적으로 달아오르면서,

전 세계가 이상기후로 몸살을 앓고 있다.

지금, 북극에서 무슨 일이 벌어지고 있는 걸까?

녹취 >>> 양은진 극지연구소 아라온

북극해의 해빙은 지구로 들어오는 햇빛을 반사해 열 흡수를 적게 하는 기온 조절자 역할을 하고 있는데요. 특히 북극해의 해빙의 변화는 현재 한반도뿐만 아니라 중위도에서 일어나는 기상이변과 밀접한 관련이 있습니다.

하얀 얼음으로 덮여있는 북극의 바다는 지구를 시원하게 해주지만, 얼음이 사라진 검은 바다는 그 반대다.

더 많은 열을 흡수해 북극의 온도를 끌어 올리고, 더 많은 눈과 얼음이 녹는 악순환이 반복되고 있는 것이다.

녹취 >>> 로드 다우니 세계자연기금 수석 고문

북극은 지구의 나머지 부분보다 3배나 더 빨리 따뜻해지고 있습니다. 북극에서도 바렌츠해의 북쪽, 스발바르제도처럼 섬으로 이뤄진 지역은 전 세계 평균보다 5~7배 빠르게 따뜻해지고 있습니다. 믿을 수 없을 정도입니다. 정말 미쳤어요.

1980년 여름철 북극 해빙 면적은 754만km²였다.

되돌릴 수 없는 미래

40년이 지난 지금, 그 면적은 절반 가까이 줄었다.

사라지는 북극의 해빙, 지구 기후를 조절하는 심장이 고장 났다.

녹취 >>> 김백민 부경대학교 환경대기과학과 교수

북극을 중심으로 굉장히 센 바람, 그 바람이 바로 북극이 기본적으로 굉장히 춥기 때문에 존재할 수밖에 없는 그런 바람이거든요. 북극이 점점 뜨거워지고 있잖아요. 그것도 너무 급격하게, 다른 지역보다 급격하게 뜨거워지다 보니까, 이제 그 제트기류가 점점 약해지는 거죠.

녹취 >>> 국종성 포스텍 환경공학과 교수

제트기류가 약화되면 대기가 정체될 가능성이 높아지기 때문에, 저기압이 정체되면 집중호우가 내리고 고기압이 정체되면 폭염 또는 가뭄이 발생하게 되는 거죠.

약해진 제트기류에 갇힌 유럽과 미국은

열돔 폭염과 가뭄, 산불이라는 삼중고에 시달리고 있고,

한반도에는 장마전선이 정체하며 폭우로 돌변했다.

연결된 재난, 그 시작은 북극이다.

빙하는 사라지고
광활한 갯벌로 변한 딕슨 피오르.

녹취 >>> **최경식** 서울대학교 지구환경과학부 교수

이 지역만 봐서는 여기가 극지방이라고 상상하기가 어렵죠. 기후
변화가 지속되면 앞으로 우리가 부딪히게 될 북극의 미래의 모습이
다…. 겨울에 내린 눈이 다 녹아서 낮은 고도로 흘러들어가 퇴적물
을 운반시키고 침식시켜서 갯벌을 형성하는 것이기 때문에 강력한
기후변화의 증거라고 볼 수 있습니다.

빙하의 소멸은
딕슨 피오르만의 문제일까?

수천 년의 세월을 버틴 빌레 피오르.
이곳의 빙하도 점차 메마른 언덕을 드러내고 있다.

빙벽의 쪼개진 틈에서
폭포 같은 물이 쏟아지고

되돌릴 수 없는 미래

시커먼 흙탕물이 요동친다.

이곳에서 일하며 여름과 겨울 모두 겪으면서 저는 변화가 일어나고 있음을 체감했습니다. 강물은 점점 불어나고 있습니다. 그만큼 여름에 얼음이 많이 녹고 있다는 것이죠. 여름에는 빙하의 크기도 작아집니다. 제 생각에 지금이 자연의 모습 그대로를 볼 수 있는 마지막 기회입니다. 기후는 점점 더 악화되고 있으니까요.

북극에서 육지 빙하가 가장 빠르게 줄고 있는 곳은 그린란드다.
2002년을 기점으로 20년간
5,151Gt(기가톤)의 얼음이 손실된 것으로 추정된다.
이것은 남한 전체 면적을 높이 50m의 얼음으로
덮고도 남는 양이다.

지난해 8월에는 그린란드 빙상 꼭대기에,
처음으로 눈 대신 비가 내렸다.

영하 10도 안팎이던 3,000미터 고지대의 기온이
9시간 동안 영상을 기록했다.

전 세계적으로 빙하가 얇아지고 후퇴하고 또 줄고 있습니다. 온실가스를 많이 배출하는 기후 시나리오에서는 확실히 이번 세기 말까지 북극 지역의 빙하가 80~90%, 아니 100% 사라질 것입니다.

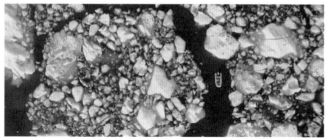

영구동토층은 주로 북극의 고위도에 위치하며
땅의 온도가 낮아 2년 이상 얼어있는 토양층을 말한다.

하지만 영구동토층은 더 이상 영원하지 않다.
얼음이 녹으며 물웅덩이가 생겨나고 땅의 균열은 커지고 있다.

땅이 얼었다가 녹으면서 많이 움직입니다. 드릴로 집의 기둥을 박아야 하는데 충분히 깊지 않으면 기둥이 뽑혀 나올 수 있습니다. 도시에 있는 새집들은 20m나 아래에 기둥을 박아요. 영구동토층이 많이 녹을수록 집의 안전을 위해 더 깊이 드릴로 박아야 합니다. 지금까지는 그렇게 큰 문제가 아니었지만 앞으로는 큰 문제가 될 수 있을 거예요.

산 사람뿐만 아니라 죽은 사람도 기후 위기를 피해가기 힘들다.

영구동토층에서는 시체가 썩지 않기 때문에,
스발바르에서는 1950년대부터 매장이 법으로 금지돼 있다.

그런데 최근 다른 문제가 수면 위로 떠올랐다.
땅이 녹으면서 매장 금지법 이전에 묻은 관들이 떠내려가는 일이 잦아진 것이다.

영구동토층이 녹으면서 산 주변도 변화하고 있습니다. 산 자체라기

보다는 산의 경사가 바뀌고 있다는 뜻입니다. 땅속에 묻힌 시신들을 보호하기 위해서는 다른 곳으로 이장을 해야 합니다.

1980년대 이후 북극 영구동토의 표층 온도는 최대 3도 상승했다. 얼음이 사라진 동토는 푸르게 변하고 있다.

'툰드라 그리닝' 현상.

식물이 온실가스인 탄소를 흡수하지만,
빛을 반사하던 눈과 얼음의 감소는 더 큰 온도 상승을 불러온다.
북극의 초록 풍경이 반갑지 않은 이유다.

녹취 >>> 김민철 극지연구소 생명과학연구본부 박사

여름에도 얼어있고, 겨울에도 얼어있고, 계속 사시사철 얼어있는 곳이 북극인데 문제는 반응이 비가역적이라는 거거든요. 한 번 녹으면 다시 그 상태로 돌아가지 않기 때문에, 이제 우리 시대는 끝인 거고 다음 빙하기를 기다려야 됩니다.

영구동토층의 붕괴는 기후학적으로 심각한 문제다.

되돌릴 수 없는 미래

얼어있던 땅이 녹게 되면 많은 유기물이 쌓여있기 때문에 미생물이
번식하게 되고 미생물이 유기물을 먹는 거죠. 소화하면서 배출하는
게 온실가스거든요.

영구동토층에는 최대 1조6,000억 톤의 이산화탄소가
묻혀있는 것으로 추정된다.
현재 대기 중에 존재하는 이산화탄소의 2배에 달하는 양이다.

우리가 생각하는 것보다 훨씬 많은 이산화탄소가 이미 영구동토층
에서 나오고 있다는 경고도 나오고 있어요. 1년에 약 17억 톤[국내
연간 배출량의 2배]의 이산화탄소가 배출되고 있다는 논문도 있는데
지금 이게 최근 우리 학계 핫토픽입니다.

탄소 폭탄 시한폭탄,
영구동토층의 위협은 눈앞에 닥친 엄중한 경고다.

영구동토층에 갇혀있던 미지의 미생물이

인간에게 어떤 위협이 될지도 가늠하기 어려운 상황이다.

녹취 >>> 정수종 `서울대학교 환경대학원 교수`

영구동토층은 판도라의 상자인 것 같아요. 열리는 순간 어떤 일이 벌어질지 모르는 거죠. 많은 탄소가 나올 뿐만 아니라 아까 말했던 미생물에 의한 또 다른 질병이 창궐할 수도 있고, 기후변화, 질병 모든 것에 영향을 줄 수 있는, 어떤 일이 벌어질지 모르는 그런 판도라의 상자인 거죠.

북극에서 생존해 온 식물들도 최근 대혼란에 빠졌다.
이상 기온으로 서식지가 북상하거나
개화 시기가 빨라지고 있는 것이다.

녹취 >>> 이유경 `극지연구소 생명과학연구본부 박사`

원래 생태계는 아주 천천히 반응하는 곳이거든요. 그런데 북극은 지구상에서 굉장히 빨리 더워지고 강수량도 많이 변하고 있어요. 그러다 보니 생태계의 변화가 몇 년 사이에 급격하게 일어나고 있어요. 비가 많이 온다거나, 혹은 더 건조해진다거나 그러면 이제 식물들이 조성이 완전히 바뀌더라고요. 북극 툰드라 식물은 벼랑 끝에 서있어요. 가장 추운 곳에 살았는데 북방한계선이 올라가면 더 이상 갈 곳이 없어요. 이런 식물들을 어떻게 보존할 수 있을지 고민하고 있습니다.

물범을 사냥하던 북극곰은,

얼음이 없어진 바다에서 생존하기 위해

육지의 포식자로 돌변했다.

녹취 >>> 제스퍼 모스바처 `노르웨이 극지연구소 박사`

스발바르의 북극곰 개체수는 약 3,000마리입니다. 전 세계적으로도 개체수가 꽤 안정적이라고 생각합니다. 하지만 이들의 행동에 변화가 나타나고 있습니다. 북극곰들이 육지에서 더 많이 지내기 시작한 겁니다. 과거 얼음 위에서 사냥했던 것과 달리 육지에서 조금씩 순록과 물범을 사냥하기 시작했습니다.

북극 생태계를 떠받치고 있는 식물들과 동물들은

기후위기로 인한 생존 문제에 직면해 있다.

인간도 결코 다르지 않다.

김백민 부경대학교 환경대기과학과 교수

지금까지 다섯 번의 대멸종이 있었어요, 45억 년 지구 역사에서, 멸종이 있을 때마다 가장 중요한 시그널은 다양성이 줄어들었던 거예요. 다양성이라는 건 우리가 생명체로서 이 지구에서 조화롭게 살아가기 위해서 꼭 유지해야 할 필수 조건이거든요.

증가하는 탄소 배출과 그 영향이 증폭돼 나타나는 북극,
6,000km 떨어져 있는 북극의 변화는
기후재난이라는 나비효과로 우리의 일상을 위협하고 있다.

정수종 서울대학교 환경대학원 교수

극지의 기후변화가 극지에서 끝나는 게 아니기 때문에 지금 전 지구적으로 영향을 줄 수 있잖아요. 탄소를 통해서, 또는 바람의 변화를 통해서, 제트기류의 변화를 통해서 우리한테까지 영향을 주니까 관심을 안 가질 수가 없어요.

남승일 극지연구소 빙하환경연구본부 박사

북극은 우리 몸으로 얘기하면 심장하고 같은 역할을 해요. 지구의

기후변화에. 다른 곳은 아프면 치료가 가능하지만 심장은 굉장히 위급하게 발생하잖아요. 우리가 주시하고 관찰하고 지속적으로 연구해야 한다고 봅니다.

녹취 >>> 조 바이든 `미국 대통령`

UN의 전 세계 저명한 기후학자들은 최신 기후 보고서를 '인류에 대한 코드레드(심각한 경고)'라고 부릅니다. 다시 한번 말씀드리지만 '인류에 대한 코드레드' 입니다.

북극의 위기는, 전 세계 인류의 위기다.
지금 이대로라면
여름철 북극의 해빙은 10년 안에 모두 사라질지 모른다.

그리고, 북극의 변화는
한반도에 사는 우리의 삶도 송두리째 바꿔놓을 것이다.

5장

기상전문기자라는
극한직업

기상전문기자!
기상캐스터?

기상전문기자는 여전히 생소한 직업이다. 지금은 많이 나아졌지만, 처음 일을 시작했을 때는 기상캐스터와 헷갈리는 사람이 많았다. 심지어 동기들도 연수원에서 만난 나를 기상캐스터라고 생각했다. 충분히 오해할 수 있었던 게, 그 당시 내 머리는 미스코리아 사자 머리였고 늘 원피스와 스커트 차림이었기 때문이다.

우리 사회에선 겉모습으로 사람을 판단하는 경우가 많다. 연수가 끝나고 사무실로 출근하게 됐을 때는 이런 말도 나왔다. 정장을 멋지게 차려입고 보안 검색대를 통과하면 청경이 먼저 인사하며 문을 열어주고, 후줄근한 차림이면 신분증을 요구한다는 이야기에 모두 웃었던 기억이 난다.

기상전문기자가 뭐 하는 직업이냐고 물으면 날씨나 기후를 취재하고 뉴스를 제작한다고 대답한다. 그런데 최근 뉴스를 쉽고 친절하게 만들자는 분위기에 기상전문기자의 스튜디오 출연이 잦아졌다. 출연자는 아나운서 아니면 기상캐스터일 거라는 고정관념이 있어서 더욱 혼동하는 사람이 많다.

기상전문기자는 대학이나 대학원에서 기상, 기후, 지구과학 등을 전공한 사람들로 뽑는다. 나는 수학과 대기과학을 전공했다. 매일 바뀌는 날씨와 긴 시간 단위로 변하는 기후, 재난, 과학, 환경 분야를 취재한다. 전문가를 인터뷰하고 뉴스 제작과 스튜디오 출연을 한다.

반면 기상캐스터는 전공을 가리지 않는다. 주로 스튜디오에서 날씨를 전하고, 한파나 폭설 같은 특별한 상황에는 중계차를 타고 밖으로 나간다. 내가 '기상인'이라면 기상캐스터는 '방송인'인 셈이다. 기상캐스터가 '날씨 요정' 등으로 불리며 연예인급 인기를 누리는 것과 달리 기상전문기자는 주로 보이지 않는 음지에서 활동하고 궂은일을 도맡는다. 극심한 추위와 더위를 취재하러 나가고 비바람과 눈보라 속에서 몸을 휘청이며 마이크를 든다.

해외 저널에 실린 기후나 과학 논문을 읽다 보면 머리에 쥐가 날 때도 많다. 영어 논문을 다 읽으려면 시간과 노력이 많이 든다. 쏟아지는 전문용어의 뜻을 찾다가 시간이 다 가버리기도 한다. 그러나 나날이 느는 건 요령밖에 없다. 어느 순간부터 초록과 그래프 위주로 논문을 훑고 있는 나 자신을 발견했다. 시간이 없다는 핑계를 대면서 말이다. 어설프게 이해하는 것보다는 연구자에게 직접 논문을 보내주고 물어보는 편이 훨씬 낫다.

해외 출장이라도 한번 가려면 섭외부터 취재와 제작, 행정적인 업무까지 도맡아야 한다. 극강의 인내심과 압도적인 체력이 필요하다. 나의 첫 해외 출장 아이템은 2013년 태양 흑점 극대기Solar Maximum였다. 11년마다 태양 표면의 흑점 수가 늘어나는 극대기가 찾아오면 지구에 태양폭풍이 밀려오는데, 그 영향과 대책에 대해 천문연구원과 공동기획으로 취재했다.

NASA(미 항공우주국) 본부HQ와 고다드우주비행센터Goddard Space Flight Center, NOAA(미 국립해양대기청), 캘리포니아 빅베어천문대를 취재했다. 한국에 돌아오자마자 9시 뉴스 연속 보도를 했고 〈취재파일K〉라는 14분짜리 프로그램을 제작했다. 지금 생각해도 5년 차 기자가 감당하기에는 '빡센' 노가다였다.

2017년에는 전 세계의 우주 개발 열기를 취재하러 항공우주연구원과 함께 NASA 케네디우주센터Kennedy Space Center, 존슨우주센터Johnson Space Center, 마셜우주비행센터Marshall Space Flight Center에 다녀왔다. 다시 불붙은 달 탐사를 위해 준비가 한창인 때였다.

케네디우주센터에선 당시 1단 로켓을 회수해 재활용하는 기술 개발에 성공한 미국의 민간 우주기업 '스페이스X'의 발사를 직관했다. 발사장과 멀리 떨어진 관람석에서 보는데도 엄청난 진동에 심장이 쿵쾅거렸다. 하늘을 가르고 치솟는 로켓의 모습에 우주 시대가 성큼 다가왔다는 것을 실감할 수 있었다. 시간이 한참 흐른 지금은 우리도 나로호 이후 자력으로 개발한 누리호 발사에 성공했고 달 탐사선 다누리를 보유한 우주 강국이 됐다.

1957년 10월 4일 세계 최초의 인공위성인 '스푸트니크 1호'가 발사됐다. 우주 시대의 포문을 먼저 연 것은 구소련이었다. 미국은 반격을 위해 1958년 7월 29일 우주 개발과 발사체 업무를 총괄하는 NASA를 설립했다. NASA는 미국 전역에 열 곳의 우주센터를 운영하고 있다.

미 동부 메릴랜드에 있는 고다드우주비행센터는 허블 우주 망원경을 비롯한 우주 관측과 다양한 지구 감시 프로젝트를 진행하고 있다. 로켓의 아버지로 불리는 로버트 고다드의 이름을 땄다.

텍사스 휴스턴의 존슨우주센터는 유인 우주 계획을 총괄하는 본부이자 우주인 훈련을 담당한다. 우주선이 발사되면 귀환할 때까지 관제를 맡는 미션 컨트롤 센터Mission Control Center. MCC가 있어 영화에 자주 등장하는 곳이다. "여기는 휴스턴, 응답하라!"

앨라배마 헌츠빌에 위치한 마셜우주비행센터에선 로켓, 그리고 로켓에 힘을 더해주는 부스터의 조립이 이뤄지는데 국제우주정거장ISS도 이곳에서 만들어졌다. 내가 방문했을 때는 달에 사람을 실어 보낼 거대 발사체SLS를 개발 중이었다.

2017년 12월 미국은 '아르테미스 프로젝트'를 통해 1972년 아폴로 17호의 마지막 달 착륙 이후 반세기 만에 인류를 다시 달에 보내겠다고 발표했다. 착륙 시점은 2025년으로 얼마 남지 않았는데 달에 기지와 정거장을 만들 계획이다. 아르테미스는 그리스 신화 속 달의 여신이자, 태양의 신 아폴로의 쌍둥이 누이다. 과거 미국의 유인 달 탐사가 아폴로 프로젝트라는 이름으로 이어졌다면 이제 그 누이가 미션을 이어받게 됐다.

2018년에는 적도와 가까운 남아메리카 프랑스령 기아나에서 정지궤도 기상위성 천리안2A호 발사 현장을 생중계했다. 프랑스 파리를 경유해 비행기만 20시간 넘게 타야 했다. 지구 정반대편이라 한국과 12시간의 시차가 났고 방송을 위해 낮에도 밤에도 일해야 했다. 가기 전에 황열병, 말라리아, 광견병 예방주사를 맞느라 팔에 멍이 든 것은 애교였다. 지금 생각해 보니 나의 해외 출장은 모두 대륙을 횡단하거나 종단하고 쉽게 갈 수 없는 험난한 여정이었다.

기상청과 함께 몽골을 방문했을 때도 기억에 남는다. 매연 냄새가 진동하는 수도 울란바토르. 우리가 묵은 호텔 옆에 한국의 이마트도 있었다. 가도 가도 끝이 없는 사막과 초원의 풍경이 시선을 사로잡았다. 몽골 아이들은 태어나면서부터 말을 탄다더니, 취재 차량을 불쑥불쑥 가로막는 양과 염소 떼를, 어디서 나타났는지 대여섯 살짜리 아이가 말을 타고 몰아갔다.

몽골의 기후변화를 감시하기 위해 기상청은 AWS(자동기상관측장비) 보급 사업을 하고 있었다. 기온, 풍향, 풍속, 습도 등을 자동으로 측정하는 AWS는 한국에서는 흔하디흔하지만, 관측 기술이 낙후돼 있는 몽골에선 귀한 손님 대접을 받고 있었다.

몽골은 온실가스 배출에 책임이 크지 않지만 지난 80년간 연평균 기온이 2.25℃ 상승했고 강수량은 8% 줄었다. 메마른 사막이 늘면서 모래폭풍이 심해지고 북극발 한파와 폭설로 가축이 떼죽음하며 유목민의 생존을 위협하고 있다. 몽골의 기후변화는 한반도와 무관하지 않다. 어차피 북반구 중위도 편서풍대에 놓여있어 몽골을 지난 공기는 중국을 거쳐 우리에게 흘러온다. 봄철 불청객인 황사 역시 몽골의 사막이 넓어질수록 계절을 가리지 않고 우리에게 날아오게 될 것이다.

취재를 마치자 몽골 기상대의 소장은 직접 염소를 잡아 '허르헉'이라는 요리를 대접해 주었다. 특히 술 인심이 후해서 보드카를 따라주자마자 원샷하도록 했는데 대륙의 '주도酒道'를 제대로 배울 수 있었다(물론 취해서 기억은 잘 안 나지만). 크고 작은 해외 출장은 도전이자 귀한 경험이었고, 어리고 미숙했던 나를 단련시켰다. 새로운 것은 심장을 뛰게 했고 그사이에 나는 '노가다꾼' 방송쟁이가 돼있었다.

* *

몸이 힘들고 뇌가 과부하 걸리기 일쑤지만 내가 이 직업을 사랑하는 이유가 있다. 고생한 결과가 뉴스로 방송될 때의 쾌감은 경험해 보지 않으면 알 수 없다. 보통 리포트 하나의 길이는 1분 40초에서 2분 정도다. 거우 2분이라는 짧은 시간을 위해 얼마나 많은 땀을 흘렸던가.

보상은 충분하다. 뉴스가 나간 뒤 여기저기서 연락이 오거나 포털의 메인에 걸리고 수많은 댓글이 달리면 짜릿함은 2배가 된다. '무플보다는 악플'이라고, 반응이 있는 편이 낫다. 뉴스의 핵심은 소통이니까.

고발성 뉴스는 후폭풍이 상당하다. 식약처 생리대 실험의 오류를 보도한 적이 있다. 생리대에 포함된 화학물질이 여성의 건강을 해칠 수 있다는 주장을 검증하기 위해 식약처가 실험을 진행했다. 그리고 안전성에 문제가 없다는 최종 결과가 발표됐다.

그러나 제보자가 들고 온 자료는 달랐고, 9시 뉴스에서 단독 보도를 나흘간 이어갔다. 식약처는 문제가 없다고 보도자료를 내며 맞섰다. 제보자의 신원이 노출되지 않도록 보호하면서 후속 취재를 했고 끊임없이 기사를 출고했다. 마치 총알이 사정없이 날아오는 전쟁터에 혼자 있는 기분이었다. 양쪽의 입장이 팽팽하게 대립했다. 결국 언론중재위원회에 출석한 뒤에야 생리대 전쟁은 끝이 났다. 조정이 이뤄지지 않으면 소송으로 가기도 하는데, 언론사에서는 비일비재한 일이다. 기자의 숙명이랄까.

과학계 미투를 취재했을 때도 연속 보도를 이어갔다. 경희대 대학원에 다니던 학생의 제보로 영상과 증언을 확보해 9시 뉴스에 단독 보도했고 모든 포털에 메인으로 잡히는 등 뜨거운 반응을 불러왔다. 연락이 뜸했던 친구들에게서도 연락이 왔다. 보도가 나가자마자 학교 홍보실에서 사태 파악을 위해 전화했고 경찰도 피해자를 만날 수 없겠냐고 접촉해 왔다.

미투 취재에서 가장 중요한 점은 제보자의 신원이 노출되지 않고 2차 가해가 없도록 막는 일이다. 가해자에 대한 처벌이 진행되는지 후속 보도 역시 계속해야 한다. 그런데 뉴스에서 모자이크 처리와 음성 변조를 했음에도 불구하고 제보자의 신원이 노출되고 말았다. 곧장 주변 사람들로부터 2차 가해가 시작됐다. 곤란에 처한 제보자는 기사를 인터넷에서 내려줄 수 없냐고 연락을 해왔다.

힘들어하는 제보자를 설득해 이 내용을 기사로 썼고 학교의 처벌을 강력하게 촉구했다. 학교는 곧장 가해 교수를 학생과 분리한 뒤 수업을 중단시켰고 정직 2개월의 징계를 내렸다. 미투에 대한 징계 절차가 진행되는 과정에도 기사를 계속 출고했다. 한 번 보도하고 끝이 아니라 지속적으로 지켜보고 있다는 시그널을 주기 위해서였다.

자신이 피해자인데 왜 이렇게 힘들어야 하냐고 했던 학생의 말이 생각나 마음이 아렸다. 차라리 보도를 하지 않았다면 그 학생은 무사히 졸업하고 잘 살았을까? 미투 제보를 해준 학생에게 마음이 쓰일 때마다 톡을 보냈다. KBS 기자 언니라고, 아니 이공계 선배라고 생각하고 무슨 일 있으면 연락하라고 했다. 어느 날 그 친구가 공기업 공채에 합격했다는 소식을 전해왔다. 진짜 너무 기뻐서 커피,

케이크 이런 걸 샀던 기억이 난다. 용감하고 씩씩한 그녀, 늘 잘 해낼 거라고 믿는다.

　우여곡절이 많은 기자 생활이지만 취재원이 있고 함께 일하는 동료가 있어서 외롭지 않다. 특히 현장에서 땀을 흘린 뒤 먹는 국밥 한 그릇은 빼놓을 수 없는 행복이다. 모름지기 노가다꾼은 배가 든든해야 한다.

　방송 취재는 늘 4명이 함께 움직인다. 취재기자와 촬영기자, 촬영기자를 보조하는 오디오맨, 운전기사 형님이 한 팀이다. 처음 회사 생활을 시작했을 때는 운전하시는 분을 '운짱 형님'이라고 부르는 것에 익숙하지 않았다. 하지만 지금은 형님, 형님, 능구렁이처럼 잘도 나온다.

　형님은 운전뿐만 아니라 취재팀의 구심점 역할을 한다. 전국 곳곳을 누비며 영혼의 허기를 달래줄 맛집을 굉장히 많이 알고 있다. 가끔 초보 형님이 오면 우리가 직접 맛집을 검색해야 하므로 당연히 맛집을 많이 알고 있는 형님일수록 인기가 많다. 장거리 출장을 가면 맛집의 중요성은 더 커지는데 가끔은 촬영기자와 형님의 콜라보로 점심과 저녁, 다음 날 조식까지 멋진 메뉴가 완성되기도 한다.

　시간이 넉넉하지 않은 취재팀에게는 순댓국, 해장국, 설렁탕, 곰탕, 갈비탕 같은 한 그릇 메뉴가 최고다. 뜨거운 뚝배기에서 국물 한 숟가락을 떠 넘기는 순간 온몸의 피로가 싹 사라진다. 얼큰한 양념이나 깍두기 국물을 더하면 전날 술을 안 마셨어도 해장이 되는 기분이다. 대학 시절까지 한 번도 먹어본 적 없는 전국의 수많은 국밥집을 영접하며 방송기자로 뼈가 굵어진 느낌? 나를 키운 건 '팔할'이 국밥이다. 국밥에 소주 한잔 걸치면 그곳이 천국이다.

'날씨' 하나 해…
제목 없는 리포트

처음에는 그저 TV에 나오는 것이 좋았다. 유명인이 된 것만 같았다. 태풍 특보를 계속하다가 식당이나 병원에 가면 알아보는 사람들이 나타났다. 당황스럽게도 사인을 해달라고 하기도 했다. 뉴스에 출연하는 횟수에 비례해 인지도도 높아졌다.

다른 기자들과 달리 이름이 독특하고 말투도 특이해서 눈에 띄었나 보다. 학창 시절 선생님이나 친구들에게 메일이 오기도 했다. 어린이를 위한 기후·과학책을 많이 내다 보니 전국 곳곳에서 강연 요청도 꾸준하게 들어왔다.

2020년 팬데믹 시기에는 사회재난인 코로나19 특보에도 출연했다. 질병관리청에서 매일 발표하는 확진자 자료를 분석해 그래프로 만들고 직접 설명해 주는 형식이었다. 첫 방송의 포맷을 그래픽디자이너와 의논하며 직접 만들었는데 마지막 방송을 마치기까지 무려 2년 넘는 세월이 흘렀다. 조금만 방심하면 확진자는 폭발적으로 늘어났고, 금세 끝날 거라는 희망은 쓸쓸한 절망으로 변하기를 반복했다.

본업인 기상청 기자실에도 거의 나가지 못했는데, 기상청은 하늘을 봐야 할 기상전문기자가 감염병과 싸우고 있다며 내심 불만이었다. 하지만 국가 재난 상황에서 우리만 발을 뺄 수는 없었다. 이 시기에는 정말 모두가 힘들었다.

오전에 코로나19 특보에 출연하고 오후에는 태풍 특보에 출연하는 날도 있었다. 코로나19가 기승이라고 해서 태풍이 우리를 비켜 가지는 않으니까. 나는 더 바빠졌고 이제는 마스크를 써도 알아보는 사람들이 종종 나타났다. 세탁소에서, 아이와 함께 간 문구점에서, 아파트 엘리베이터에서 "혹시 KBS 기상…?" 이런 질문을 받았다.

기상전문기자로 인지도가 높아지는 것과 동시에 한편으로는 늘 목마름을 느꼈다. 더 큰 유명세에 대한 갈증이 아니라 취재에 대한 갈증이었다. 방송 뉴스에서 날씨와 재난은 매우 큰 비중을 차지한다. 재난 피해를 예방하고 국민의 생명을 구하는 것이 공영방송인 KBS의 사명이기도 하다. 최근에는 방송뿐만 아니라 다양한 소셜 미디어로 재난 정보를 전하고 있다. 그래서 부서 이름도 재난방송센터에서 재난미디어센터로 바뀌었다.

어린 연차일 때는 거의 1주일 내내 9시 뉴스를 하는 경우가 허다했다. 예를 들어 이번 주 후반에 한파가 온다면, 월요일에 예고성 리포트를 시작해 하루하루 디데이가 줄어들고 주말 '한파 절정'과 '다음 주 전망'으로 마무리하는 식이다.

극심한 재난 상황이 종료되고 '오늘은 별일 없겠지' 하고 출근하는 길에도 방심은 금물이다. 그날은 이상하게도 하늘이 너무나 아름다웠다. 올림픽대로를 운전하면서 시원한 하늘을 보는 것은 오랜만이었다. 커피 한 잔 들고 기분 좋게 사무실에 들어서는 순간 깨달았다. 좋은 날씨도 기상전문기자에게는 일이 될 수 있다는 것을. 그날 9시 뉴스는 '모처럼 파란 하늘, 서울 가시거리 20km'라는 제목으로 나갔다.

날씨에 대한 사람들의 관심이 크다 보니 가끔은 뉴스가 날씨 이야기로 도배되기도 한다. 특히 뉴스거리가 적은 금요일이나 주말 9시 뉴스에는 날씨가 단골 메뉴였다. 민감하거나 딱딱한 뉴스가 많을 때도 쿠션용으로 날씨 뉴스가 들어갈 때가 많았다.

기자들이 자주 쓰는 말 가운데 "총을 맞았다"라는 표현이 있다. 자신의 의사와 상관없이 어떤 일을 지시받았다는 뜻으로, 총을 쏘는 주체는 선배거나 팀장, 부장, 국장 같은 간부다. 갑작스러운 사건이나 사고가 발생하면 주로 사회부 기자들이 총을 맞는다. 현장으로 달려가 상황을 파악하기가 무섭게 라이브로 중계차를 연결할 때도 많다. 총을 맞는 순간부터 엄청난 순발력을 발휘해야 무사히 넘길 수 있다. '발생' 상황이 아닌, '기획' 아이템으로 총을 맞기도 한다. 사회적으로 큰 이슈가 되는 사안에 대해 어느 부서에서 취재해 보라고 요구하는 식이다.

가끔은 편집부에서 기자에게 직접 총을 쏘기도 한다. 뉴스의 구성상 필요한 아이템을 '발주'하는 것이다. 편집부는 뉴스의 구성안 격인 큐시트를 작성하는데 큐시트에는 뉴스 제목과 길이, 기자의 이름이 적혀있다. 9시 뉴스 큐시트에는 보통 20개 정도의 아이템이 배치된다.

앵커의 오프닝부터 클로징까지 큐시트에는 나름의 '기승전결'이 있다. 그날의 톱뉴스부터 '백톱back top'이라고 부르는 스포츠뉴스 직전의 마지막 뉴스까지, 순서나 분량은 그냥 정해지는 것이 아니다. 편집부는 하루 종일 뉴스라는 완결된 작품을 위해 고심하는 곳이다.

다양한 인터뷰이와 기자의 온마이크가 나오고 중간에 출연 코너도 배치해 시청률 떨어질 틈 없이 몰아붙인다. 어떤 날은 굵직한 사건 사고가 많아서 방송 직전까지 큐시트가 여러 번 바뀌기도 하는데 이럴 때 대거 총이 날아온다. 뉴스 시간이 얼마 남지 않았는데 총을 맞으면 제발 펑크만 내지 말자는 심정으로 초인이 되어 날아다녀야 한다.

가끔은 북한의 핵실험 같은 엄중한 주제로 뉴스가 채워질 때도 있다. 그런 날은 어김없이 편집부의 날씨 총이 날아오곤 했다. 꽃이 피고 상춘객들이 늘었다거나 하늘이 맑아서 북한 송악산이 보였다거나 하는 스케치 위주 뉴스가 대부분이었다.

기자 입장에서는 맥 빠질 수밖에 없다. 그다지 의미 있는 뉴스도 아니고 주제가 있는 것도 아니다. 그저 시간을 때워주는 날씨 뉴스. 시청률은 나쁘지 않았다. 특별한 기상 이슈가 없더라도 사람들은 방송에서 보여주는 하늘과 구름, 꽃과 나무, 자연을 감상하기를 좋아한다. 봄꽃 개화나 단풍, 첫눈 뉴스를 통해 계절이 바뀌는 것도 체감할 수 있다. 날씨 뉴스가 나갈 때는 결코 채널이 돌아가지 않았다. 그래서 문제였다.

"날씨 하나 해"라는 총은 시시때때로 날아왔다. 전문기자라는 타이틀이 필요 없는, 그야말로 스케치에 인터뷰 몇 개 들어가는 소모적인 뉴스였다. 아무리 간단하다고 해도, 거리로 나가 풍경을 찍고 시민 인터뷰와 기상청 예보관 인터뷰까지 해야 한다. 주제가 잘 잡히지 않을 때는 지역국에서 촬영한 영상이나 인터뷰가 있는지 찾느라 시간을 다 바칠 때도 있었다.

주말과 공휴일은 더 심했다. 날씨 총이 일상인 시기도 있었다. 리포트를 안 하면 오히려 허전한 기분? 문제는 큐시트에 제목도 없이 '날씨', '신방실', '1분 20초'라고 잡힌 적도 많았다는 점이다. 제목 없는 리포트라니.

기자들은 아무리 총을 맞아도 일단 자기 이름이 큐시트에 올라가면 그 순간부터 최선을 다한다. 내 이름 석 자를 걸고 나가는 뉴스이기 때문이다. 방송기자가 되기 전까지는 내 이름의 무게가 그렇게 무거운 줄 미처 몰랐다. 그냥 '날씨 하나 해달라'고 해도 허투루 할 수는 없었다. 제목 없는 리포트라도 그럴듯한 주제를 잡고 심층적인 분석과 인터뷰를 곁들인다.

가을하늘은 원래 청명하지만 오늘의 하늘이 특별히 더 푸른 이유를 찾아내는 것. 북서쪽에서 확장한 대륙고기압과 바람, 습도, 강수량 같은 기상 요인. 빛의 산란 같은 과학적인 원리. 라면이나 대충 끓여달라고 해도 계란에 대파까지 얹어 만찬을 차리려고 노력하는 게 기자다.

날씨 총이 날아오는 계기는 대부분 점심시간이었다. 오전 업무를 후루룩 끝내고 허기를 달래러 가는, 하루 중 가장 행복한 시간. 밥을 먹으러 가던 간부 중 누군가가 오랜만에 하늘을 처다봤다. 그동안 바쁘게 사느라 하늘 볼 여유조차 없었는데 그날따라 하늘이 유난히 파랬다. 특별한 이유가 있는 것 아닐까 하는 궁금증이 폭발한다…….

일찍 핀 개나리를 봤다거나 예보에 없던 비를 맞았다거나 돌연 추위를 느꼈다거나, 이유는 셀 수 없이 많다. 오후 2시 보도국 편집회의에서 반갑지 않은 날씨 아이템이 발주되는 순간, 철모르고 핀 꽃송이를 찾기 위해, 한강 어딘가에서 목격됐다는 고드름을 찾기 위해 하염없이 헤매던 나날들.

어느 순간 기상전문기자라는 정체성이 흔들리기 시작했다. 기상캐스터와 비슷한 날씨 정보를 전한다면? 사회부 막내 기자가 하듯 스케치성 뉴스만 전한다면? 총 맞는 뉴스만 제작한다면? 그렇다면 기상전문기자가 왜 필요할까?

　가끔은 회의도 밀려왔다. 공들여 취재한 뉴스가 9시 뉴스에서 빠지면 마치 나 자신이 거절당한 느낌이 들었다. 9시 큐시트에서 내려온 아이템들은 예비 명단에 올라간다. 총 맞은 뉴스가 '킬kill'되면 일찍 퇴근할 수 있으니 좋아할 만도 하겠지만, 노력을 들인 아이템이면 무지 속상하다. 시기적으로 그날 꼭 나가야 하는 뉴스도 있고, 취재원이나 제보자의 기여도가 높아서 반드시 9시 뉴스에 나가길 바라는 뉴스도 있다. 사정이야 많고 많지만 안타깝게 예비 명단에 내려온 아이템은 경매에 부쳐지고 다음 날 아침 뉴스에 대부분 팔려나간다.

　가끔은 시청자가 원하는 뉴스가 과연 무엇일까 하는 의문이 들기도 했다. 굳이 어려운 내용으로 가득한 전문기자의 리포트보다 기상캐스터가 전해주는 날씨 정보로도 충분하지 않을까. 어떤 날 KBS 뉴스 홈페이지에는 낚시성 제목의 기사가 전면 배치되기도 했다. 그런 기사가 조회수를 늘리기 위해 1박2일 동안 내려오지 않을 때도 있었다. 진심을 담아 쓴 나의 기사는 잘 보이지도 않는 곳에서 묻혀버렸는데 말이다. 한숨이 나왔다.

　누군가는 내가 쓴 디지털 기사가 너무 길다며 짧게 쓰라고 했다. 휴대전화로 읽는 기사가 너무 길면 안 읽는다고. 그 말도 일리가 있다. 그러나 길기만 한 게 아니라 심층적인 시각을 담고 있는 기사는 독자의 외면을 받지 않을 것이라는 가녀린 믿음을 잡고 버티었다.

출근길에 스크롤을 내리며 쭉쭉 훑는 기사가 아니라 프린트해서 읽고 싶은 기사를 쓰고 싶었다. 전자레인지에 3분 데우면 먹을 수 있는 간편식이 아니라 손이 많이 가지만 맛은 최고인 돌솥밥 같은 메뉴를 차리고 싶었다.

방송에 얼굴을 많이 들이미는 것은 목표가 아니었다. 얼굴이 아닌 이름 석 자를 걸고 세상에 꼭 필요한 뉴스를 하고 싶었다. 누구도 대체할 수 없는 나만의 뉴스에 목마른 시기였다. 소모적인 회사 생활에 지쳐서 대학원 진학을 고민하기도 했다. 그러나 도저히 시간을 낼 수 없었다. 언제 터질지 모르는 재난에 주말 근무랑 야근은 왜 이렇게 잦은지, 합격 통지를 받은 대학원도 결국 등록하지 못했다.

취미는 폭주 드라이브,
특기는 음주가무

직장인의 고비는 3년마다 찾아온다고 했던가. 369 게임을 하듯 퇴사 의지가 주기적으로 활성화될 때는 내가 이 회사에 왜 들어왔는지 초심을 되돌아보는 것이 중요하다. 대학을 졸업하자마자 '동아사이언스'에서 일했다. 《과학동아》를 비롯해 과학 콘텐츠를 전문적으로 다루는 기업으로 동아일보의 자회사다. 고등학교 시절 《뉴턴》과 《과학동아》는 이과 학생이라면 누구나 즐겨 보는 양대 산맥이었다. 《뉴턴》은 일본에서 발행되니 우리나라에선 《과학동아》가 유일했다. 과학전문기자로 경험과 경력을 쌓기에 최고라고 생각해서 광화문 동아일보 사옥에 가서 시험을 봤다.

신촌에서 대학 생활을 한 나는 직장이 이왕이면 광화문이나 여의도에 있었으면 하고 바랐다. 광화문은 오랜 역사를 지닌 서울의 중심이어서 좋았고, 여의도는 뉴욕이나 홍콩처럼 초고층 건물이 가득한 데다 한강을 끼고 있다는 점에 반했다. 대학 시절 한강의 야경을 보며 캔맥주를 홀짝거리는 사이에 여의도를 마음에 품었나 보다.

태백산맥 너머에 있는 강릉에서 자라다 보니 대도시에 대한 갈망이 누구보다도 컸다. 무조건 폼나는 직장이어야 했다. 광화문 직장생활은 그 모든 것을 충족해 줬다. 그러나 광화문 시대는 짧게 막을 내렸다. 1년 뒤 회사가 동아일보 출판 사옥이 있는 충정로로 이전했기 때문이다.

동아사이언스에 입사한 뒤《어린이과학동아》를 창간하고, 고등학생 때 즐겨 읽었던《과학동아》도 직접 만들었다. 우리나라에서 손에 꼽는 과학자들을 마음먹기만 하면 무한대로 만날 수 있었다. 과학을 좋아하는 나에게 엄청난 기회이자 특권이 아닐 수 없었다. 기획이나 특집, 르포처럼 호흡이 긴 기사를 쓰는 것도 흥미로웠다.

월간지의 특성상 초반 1~2주는 자유롭게 여기저기 취재를 다니다가 월말에 마감이 다가오면 집중적으로 야근을 했다. 최종적으로 디자인 작업까지 완성되면 충무로에 있는 인쇄소로 넘어가 출력된 필름을 일일이 확인하며 오자를 잡아내던 기억이 생생하다. 이렇게 매달 정성을 쏟은《과학동아》가 서점에 깔리면 세상을 다 가진 듯 뿌듯했다. 특히 내가 기획한 기사가 잡지의 얼굴이라고 할 수 있는 커버스토리를 장식했을 때의 짜릿함이란.

나는 특히 디자이너나 일러스트레이터처럼 다른 분야의 사람들과 함께 작업하는 것이 즐거웠다. '단순·무식·지루'한 이공계 출신이 개성과 창의력으로 무장한 세련된 예체능 사람들을 만났으니 얼마나 신기했을까. 가끔은 내 기사와 어울리는 일러스트레이터를 직접 발굴하기도 했는데 대기업과 작업을 하는 억대 몸값의 작가도 있었다.

그들과 만나 이야기를 하면 새로운 세계를 엿볼 수 있었다. 그 자체가 생경한 경험이었다. 일러스트 비용을 조금만 깎아달라며 '네고(협상)'도 잘했다. 나는 기사를 잘 쓸 뿐만 아니라 회사를 향한 애사심으로 영업도 잘하는 기자였다. 연구기관을 찾아가 공동 기획 아이디어를 던져 1년짜리 협찬을 받아 오기도 했다.

그런데 3년의 법칙이 옳았다. 입사한 지 3년이 지나자 모든 것이 시들해졌다. 마감 때마다 밤샘에 몸이 지쳐갔고 허리 디스크까지 발병해 수술 빼고 온갖 치료를 다 받았다. 당시 회사의 어수선한 분위기도 마음을 떠나게 했다.

우연히 TV를 보다가 하단에 흘러가는 스크롤이 그날따라 '랙'이라도 걸린 듯 멈춰 보였다. 기상전문기자? 대기과학 전공? 이건 나잖아! 기상전문기자가 뭐지? 그때만 해도 나는 기상전문기자와 기상캐스터를 구분하지 못했다. 그래서 구경 삼아 일단 가보기로 했다.

어느 날 일을 마치고 여의도의 미용실에 들렀다. 카메라 테스트를 한다고 하는데 머리라도 살짝 만져야 할 것 같았다. 어리바리하게 KBS 본관을 찾아갔고 실무 면접과 주어진 대본을 읽는 카메라 테스트를 마쳤다. 그때까지만 해도 진짜 방송국 구경 온 사람이었다.

KBS에서 하고 싶은 일이 있냐는 질문에 남극과 북극에 가서 기후변화의 심각성을 알리고 싶다고 대답했다. 아무런 준비도 하지 않은 채 부담 없이 면접에 임했고 얼떨결에 1차 시험을 통과했다.

며칠 뒤에는 임원 면접이 있었다. KBS 사장과 본부장 등 높은 사람들이 다 모여있었고 진정한 압박 면접이 시작됐다. 과거에 한 번이라도 KBS에 입사 지원한 적이 있으면 그 기록이 다 남는다는 것을 그 자리에서 알게 됐다. 면접관은 예전에 교양 PD로 시험을 봤으면서 왜 이번에는 기상전문기자로 지원했냐고 질문했다. 엄청 당황스러웠다. 그때는 정말로 교양 PD가 되고 싶었고 지금은 기상전문기자가 맞는 것 같아 지원한 건데 그 마음을 어떻게 설명하지?

당황한 표정을 애써 감추며 이렇게 말한 것 같다. 나는 대학에서 수학과 대기과학을 전공하며 기상전문기자의 기본을 쌓았다. 《과학동아》를 만들면서 수많은 과학자를 인터뷰했고 심층적인 기획과 특집으로 인정받았다. 물론 교양 PD도 괜찮았겠지만, 당신들이 찾는 준비된 기상전문기자는 단연코 나다.

그러나 다시 압박 질문이 들어왔다. 그렇게 준비된 사람이 학점은 왜 이러냐고? 학점 질문은 취준생 시절부터 어딜 가든 단골 질문이어서 준비된 멘트가 술술 나왔다. 낭만의 캠퍼스에서 숫자로 표출되는 학점보다 더 소중한 추억을 쌓았다. 대학 방송국에서 PD로 활동하며 영상의 기본을 닦았고 록밴드 생활을 하며 대중을 사로잡는

법을 배웠다. 연애도 소홀히 하지 않으며 진정한 사랑을 경험하는 중이다.

화려한 캠퍼스 생활을 술술 읊고 있는데 자기소개서에 적은 취미와 특기가 도마 위에 올랐다. 취미가 '폭주 드라이브', 특기가 '음주가무'라고 썼는데 면접에서 장난치냐며 꾸짖는 듯한 질문이 훅 들어왔다. 속으로 생각했다. 그냥 독서라고 쓸걸.

잠시 고민하다가 이렇게 말했다. 나는 자전거로 출퇴근하고 있는데 슈퍼카 못지않게 엄청난 속도로 페달을 밟을 수 있다. 이게 바로 지구를 위한 폭주 드라이브가 아니면 뭔가. 특기는 아쉽게도 여기서 보여드릴 수 없으니 신입사원 환영회 때 입증해 보이겠다.

엄중하던 면접관들 사이에 웃음이 터졌다. 누군가가 마지막으로 말했다. "신방실 씨는 기상전문기자보다 예능 PD 하면 어울릴 것 같은데?" 안 된다. 절대 싫다. 나는 기상전문기자로 살 것이다. 우리나라 재난은 수도권보다 저 먼 지방에서 많이 발생한다. 시골 할아버지, 할머니는 비 많이 오고 할 때 무조건 KBS 1TV를 본다. 재난방송 주관방송사인 KBS에서 이분들을 위해 일하고 싶다.

웃겼던 면접은 진지하게 끝났다. 그리고 광화문 시대에서 여의도 시대가 열렸다. 만약 직장을 옮기지 않았다면 어떤 삶을 살고 있을까? 이듬해에 예능 PD 시험을 봤을까? 한 가지 분명한 것은 회사 생활에 시들해질 때마다 치열했던 면접장을 떠올리면 그때의 마음이 되살아난다는 점이다.

방송기자가
머리를 올리는 법?

방송기자가 된 뒤 첫 번째 관문은 바로 첫 리포트였다. 지금은 어떻게 달라졌는지 모르겠지만 경찰서 기자실에서 먹고 자는 수습 기간에는 정식 리포트를 할 수 없었다. 그 대신 선배들의 취재를 지원하거나 정보를 보고하는 역할을 주로 했다. 기자이기는 하지만 정식 기자가 아닌 '반쪽짜리'인 셈이다.

수습 기간은 인권 말살이 자행되던 시기로 그 비인간성으로 말미암아 지금은 언론계에서 거의 추방되다시피 했다. 경찰서 기자실에서 노트북과 휴대전화를 든 채 방황하던 시절이 떠오른다. 어리바리한 수습 기자에게 1진 선배의 한마디는 신의 명령과 같았고, 그 명령을 수행하기 위해 수단과 방법을 가리지 않았다.

그 시절 선배들은 기자 정신을 강조하며 경찰서장 방문을 발로 걷어차고 나오라는 등 '미션 임파서블' 같은 지령을 내리곤 했다. 왜 방문을 걷어차면 기자 정신이 생기는지 지금 생각해도 의문이다. 잠을 재우지 않는 것도 혹독했다. 자정이 넘은 시간에 1시간마다 경찰서를 돌며 상황을 보고하게 했다. 무슨 일이 터진 것도 아니어서 '특이사항 없음'이라고 보고하면 취재를 열심히 안 한 것 아니냐며 또 깨진다.

나는 '강남 라인'을 돌았다. 강남경찰서와 서초, 송파, 수서경찰서가 내 담당이었다. 일단 회사에서 멀었고 경찰서 간 이동 거리가 긴 데다 바쁘기로 소문난 곳이었다. 아마도 과학전문기자를 하다가 온 나를 혹독하게 교육하려고 그랬나 보다. 심야에 택시를 타고 이 경찰서에서 저 경찰서로 이동하다 보니 택시비도 어마어마하게 나왔다. 택시 안에서 노트북 자판을 급하게 두드리는 모습에 기사 아저씨가 무슨 일 하는 사람이냐고 묻던 기억도 난다. 많이 먹어도 배가 고프고, 많이 입어도 오한이 느껴지고, 괜스레 불쌍하고 처량해지던 시절이었다.

그러나 수습이 끝나면 상황이 달라진다. 연습용 리포트와 단신 기사를 쓰던 생활이 끝나고 내 이름으로 보도할 수 있게 된다. 나의 능력에 모든 것이 좌우되는 무한 경쟁 시대가 시작됐다는 뜻이기도 한데, 그때는 마냥 기쁘기만 했다.

수습 딱지를 뗀 기자가 자기 이름으로 첫 리포트를 하는 것을 당시 선배들은 '머리를 올린다'라고 표현했다. 골프장에 처음 나가는 것을 이렇게 비유하기도 하는데 기생을 포함해 여성의 첫 경험을 이르는 말에서 유래했다는 이유로 논쟁 중인 표현이다.

요즘은 후배의 첫 리포트를 위해 선배들이 취재 거리를 주거나 인터뷰와 현장을 섭외해 주고 그래픽까지 도와주는 등 지원을 아끼지 않는다. '입봉'이라고도 불리는 첫 리포트의 의미가 그만큼 크기 때문이다. 일단 보도국 안에 나의 존재감을 알리는 계기가 된다. 그동안 이름 없는 수습 기자였다면 얼굴과 목소리, 이름, 이메일까지 풀세트로 홍보할 수 있는 소중한 기회다. 첫 리포트를 성공적으로 마치면 사무실이나 복도에서 알아보거나 뉴스 잘 봤다고 말을 건네는 사람들이 생겨난다.

대외적으로는 출입처에 정식 기자가 됐음을 선언할 수 있게 된다. 그동안 힘없는 종이 인형 같은 신세였다면 첫 리포트 이후에는 기자를 바라보는 시각이 바뀐다. 기자를 조심해야 한다는 두려움이나 경계심일 수도 있고, 아니면 적어도 신경 쓰이는 존재로 급부상하게 된다.

선배들은 첫 리포트가 평생 기억에 남으니 반드시 신경 써서 온 마이크를 잡으라고 조언했다. 출입처를 벌벌 떨게 할 고발 뉴스로 첫 리포트를 해야 한다고 밀어붙이기도 했다. 나의 경우 둘 다 제대로 못 했지만 첫 리포트가 기억에 남는다는 말은 진짜였다.

나의 첫 리포트는 푹푹 찌는 한여름에 취재한 '무더위 휴식 시간

제'에 대한 뉴스였다. 수습을 떼고 기상전문기자로 정식 발령을 받은 2008년 6월 기상청은 폭염특보 제도를 처음 도입했다. 낮 최고 기온이 33℃ 이상인 날이 2일 이상 될 것으로 예상되면 폭염주의보, 35℃ 이상이면 폭염경보를 내리기로 한 것이다. 지금은 습도나 바람에 따라 실제로 느껴지는 기온인 '체감온도' 기준으로 바뀌었다. 특보의 기준은 시대의 변화에 맞춰 수정되거나 보완된다.

기상청은 호우, 대설, 강풍, 풍랑, 폭풍해일, 건조, 태풍, 한파, 황사, 폭염 등 10개 기상요소에 대해 특보를 발표한다. 현재 태풍특보에 해당되는 폭풍특보의 경우 일제강점기 조선총독부 기상대 시절부터 발령됐을 정도로 역사가 길다. 태풍이 오래전부터 위험한 재난이었다는 뜻이다. 1964년 한파특보를 비롯한 특보 시스템이 체계적으로 꾸려졌으며 황사특보는 2003년, 폭염특보는 2008년에 도입됐다. 얼어 죽는 사람은 많아도 더워 죽는 사람은 드물었는지 폭염특보의 도입이 가장 늦었다.

그러나 기후위기 속에 나날이 거세지는 폭염과 열대야에 열사병 등 온열질환자가 급증하기 시작했다. 정부는 폭염특보 도입과 함께 다양한 제도로 국민의 생명을 지키겠다고 선언했다. 무더위 휴식제 역시 그 가운데 하나였다. 더위가 심한 오후 시간대에 야외 작업을 멈추고 휴식을 권고하는 내용이었다. 당시 나는 기상청과 소방방재청을 출입하고 있었다.

실제로 현장에서 정부의 권고를 잘 지키고 있는지 취재하기 위해 경기도 의왕에 있는 아파트 건설 현장을 찾아갔다. 이곳은 사전에 섭외한 곳으로 무더위 쉼터를 모범적으로 운영하고 있었다. 보기만 해도 아찔한 공사장 엘리베이터를 타고 꼭대기층으로 올라갔다. 한낮의 열기가 쇠를 녹여버릴 듯 이글거렸다. 굵은 땀방울이 비 오듯 쏟아졌다.

촬영기자 선배가 영상을 찍고 있는 동안 무선 마이크를 들고 인터뷰를 시도했다. 그러나 대부분 거절했다. 공사장에서 일하는 모습이 방송에 나가길 원하지 않는다고 했다. 지금 생각하면 안 그래도 힘든 무더위 속에서 내가 얼마나 걸리적거렸을까. 시간은 속절없이 흘렀고 땀에 젖은 촬영기자 선배는 얼른 끝내고 내려가자는 신호를 보냈다. 결국 가장 뜨거운 현장에서 인터뷰를 하지 못한 채 떠날 수밖에 없었다.

이번에는 무더위 휴식제가 전혀 지켜지지 않는 현장을 찾아야 했다. 누군가의 제보가 없는 이상 몸으로 부딪칠 수밖에 없었다. 다행히 서울에 공사장은 많고 많았다. 눈치를 봐서 관리자가 없는 현장에 슬쩍 들어가 무더위 휴식제에 대해 알고 있는지 물었다. 대부분 처음 듣는다고 대답했다.

어차피 제도가 처음 도입되면 현장은 혼란으로 가득하고, 법적 규제가 없거나 약한 경우에는 강제하기가 힘들다. 하지만 언론은 폭염의 위험성을 지속적으로 보도하고 국민의 생명을 지키기 위한 제도가 유명무실하다고 끈기 있게 고발함으로써 세상을 바꿔나갈 수 있다.

* '유명무실, 무더위 휴식 시간제' (2008년 7월 15일)

앵커 멘트

폭염이 기승을 부리는 오후에 일정 시간 휴식을 취하는 무더위 휴식 시간제가 도입된다고 이달 초에 정부가 발표했지만 제대로 시행되지 않고 있습니다. 특히 소규모 사업장은 이런 제도가 있는지조차 모르고 있습니다.

신방실 기상전문기자의 보도입니다.

리포트

뜨거운 햇빛에 그대로 노출된 16층 높이의 공사장, 검게 그을린 얼굴에선 굵은 땀방울이 비 오듯 쏟아집니다. 공사장 온도가 40℃에 육박하자 작업을 중단하고 1층의 쉼터로 향합니다. 시원한 물을 마시고 잠시 낮잠도 자며 체력을 보충합니다.

하지만 대형사업장과 달리 대부분의 영세사업장은 폭염에 무방비 상태로 노출돼 있습니다. 소규모 공사장의 경우 휴식 공간은 물론 휴식 시간조차 충분치 않은 경우가 많습니다.

인터뷰 >>> "너무 더워서 일하기 힘든데 쉬는 시간이 5분, 10분밖에 안 돼서 좀 더 길었으면…."　　　　　　　　　(신민철, 건설사업장 근로자)

폭염 때 일정 시간 휴식을 취하는 무더위 휴식 시간제가 있는지 조차 모르는 곳도 있습니다.

인터뷰 >>> "전혀 들어본 적 없어요. 우리는 단체가 결성된 것도 아니고 전달통로도 없고….."   (허승수, 건설사업장 근로자)

올 여름에 휴식 시간제를 도입하면서 주관부처인 노동부와 소방 방재청이 운영지침만 지자체에 전달했을 뿐 시행되는지 여부는 제대로 확인하지 않고 있기 때문입니다.

인터뷰 >>> "지자체에서 사업주에게 자율적으로 권장하고 있어 잘 시행되는지 감시하기에는 한계가 있습니다."

(김경진, 소방방재청 방재대책과)

기자

변변한 쉴 곳조차 없이 폭염과 맞서고 있는 현장 근로자들에겐 계속되는 무더위가 힘겹기만 합니다. KBS 뉴스 신방실입니다.

1994년에 이어 2018년 찾아온 한 달 넘는 최장 폭염으로 지금은 폭염의 위험성에 대한 사회적 인식이 많이 개선됐다. 열사병 등으로 즉각적인 사망을 불러올 뿐만 아니라 고혈압이나 심·뇌혈관 질환 등 기저질환을 악화시켜 사망에 이르게 하는 폭염은 '소리 없는 살인자'로 불린다. 폭염 속 야외 작업은 노동자의 생명을 빼앗고, 열대야의 품에 안겨 지새는 불면의 밤은 노약자의 건강을 위협한다. 폭염과 열대야를 좋아하는 사람은 아마 없을 것이다. 그저 피할 수 없으니 맞설 뿐.

　　어린 시절 기억 속에는 여름에 대한 즐거운 기억만 있다. 찌는 듯한 모래사장과 바다, 계곡, 캠핑, 물놀이, 곤충채집, 시원한 수박을 먹으며 수박씨 퉤퉤 뱉기, 무서운 강시 영화, 이불 속에서 〈전설의 고향〉 눈 가리고 보기…. 그런데 나이를 먹을수록 여름이 싫다. 어른들이 봄이나 가을을 좋아하던 이유를 이제는 알겠다.

　　해마다 봄의 끝자락인 5월이 되면 5월이 영원하기를 바라게 된다. 1년 중 가장 날씨가 좋은 계절의 여왕이기도 하고 다가오는 여름이 너무 두렵기 때문이다. 6월 하순에 시작되는 장마와 장마가 끝난 7월 하순에 찾아오는 본격 무더위, 그리고 태풍의 콜라보까지, 여름은 특히 기상전문기자에게 가혹한 시기다. 9월, 10월까지도 태풍의 습격에서 안심할 수 없다.

　　찬란한 봄이 그만 이별하자고 할 때마다 내 마음 깊은 곳에서 김영랑 시인의 시가 떠올랐다. 봄을 여읜 슬픔에 잠긴 나. 봄이 가고 말면 그뿐, 내 한 해는 다 가버리고 삼백예순날 하냥 재난에 시달리며 우는 나. 그래도 힘든 여름을 견디며 한 해를 다 보내고 나면 말간 얼굴의 봄이 다시 인사를 건네온다.

필연이 이끌어 준
NASA 취재기

인생을 살다 보면 가끔은 우연처럼 보이는데 사실은 필연이 아닐까 하는 생각이 든다. 광화문이나 여의도에서 일하고 싶다는 생각이 나를 결국 그곳으로 이끌었다. 내가 만약 미국에 살고 싶다는 생각을 품었다면 지금쯤 실현했을지도 모른다. 미국에서 일하기 위한 루트를 열심히 찾아보고 도전했을 테니 말이다.

　이공계 출신이 언론사 면접에 왜 왔냐는 얘기를 수없이 들었다. 신문사, 방송국 등 여러 차례 고배를 마시고 포기할 뻔했지만 결국 과학전문기자가 됐고 지금은 기상전문기자로 일하고 있다. 문과 출신 기자들이 99%라면 나는 단 1%의 이공계 출신 기자다. 과거에도 지금도 이공계 출신 기자는 드물지만, 차별이 아닌 차이로 인정받고 대접받는 전문기자의 시대가 열리고 있다.

물론 소수이기 때문에 힘들 때도 있다. 나를 위한 꽃길이 마냥 펼쳐졌다고 볼 수도 없다. 그저 노력할 뿐. 그러나 이상하게도 주문을 건 것처럼 마음에 품고 있는 대로 살아지는 것을 발견했다. 머릿속 내비게이션이 산만하게 경로를 이탈해도 단단한 마음은 어느 순간 모든 것을 제자리로 돌려놓는다.

내 힘으로 미국 NASA에 처음 발을 디딘 순간, 마음속 주문의 위대함에 또 한 번 놀랐다. 1997년 고등학생 시절에 조디 포스터가 나온 영화 〈콘택트Contact〉가 큰 인기를 끌었다. 천문학자인 칼 세이건의 소설을 영화로 만든 건데 외계 지적 생명체를 찾는 주인공의 모습이 그려진다.

지구 너머 우주에서 들려오는 낯선 존재의 신호를 탐지하는 일이 멋져 보였다. 공상과학소설에 나올 것 같은 '세티SETI 프로젝트'를 지원하지 않겠다는 기업. 이들을 향해 비행기나 인공위성, 휴대전화도 처음에는 공상과학소설에서 나왔다고, 눈앞의 이익과 성과에만 급급하면 어떻게 과학의 발전이 이뤄졌겠냐고 쏘아붙이는 조디 포스터는 최고였다. 당시 내 또래 이과 고등학생들이 대거 천문학과로 진로를 수정했다는 얘기가 들릴 정도였다.

이 모든 중심에 NASA가 있었다. 그곳은 현실을 넘어선 이상향이자 동경 그 자체였다. 항상 누군가는 머리에 나사가 빠져서 NASA에 가냐고 썰렁한 농담을 하는 바로 그곳 말이다.

자연과학대학에 진학해서 1학년 때 천문학 수업을 들었다. 일단 수학을 주 전공으로 하고 천문학을 이중 전공할 생각이었다. 수학은 모든 자연과학의 도구이므로 공부해 두면 유리하다고 판단했다. NASA에 가기 위한 큰 그림이었다.

그런데 천문학은 영화 속의 그 천문학이 아니었다. 천문학을 전공하면 천문대에 가서 망원경으로 별을 보고 낭만적인 로맨스도 펼쳐질 줄 알았다. 수식과 기호로 가득한 천문학을 제대로 알지 못해서 벌어진 큰 오해였다. 뭐 천문학자라고 해서 매일 밤 별을 보는 건 아닐 것이다. 컴퓨터로 관측 자료를 분석하고 논문 쓰는 시간도 많을 테니까. 좋아하던 별도 막상 직업이 되면 싫어질지도 모른다.

그러나 대기과학은 달랐다. 일단 대기권은 우주보다 가깝다. 대기는 지구를 둘러싸고 있는 공기의 층으로 78%의 질소와 21%의 산소, 나머지 아르곤과 이산화탄소 등 미량 기체로 이뤄져 있다. 지구의 대기권은 대류권, 성층권, 중간권, 열권까지 지상 1,000km에 달한다.

대기권의 주인공은 지상 10km 고도까지 분포하는 대류권이다. 대기 질량의 최대 90%가 집중돼 있는 이곳에서 바로 날씨라고 부르는 기상 현상이 나타난다. 대류권을 뜻하는 단어 'troposphere'는 그리스어 'tropos(섞다)'에서 유래했다. 대류권은 공기가 끊임없이 섞이고 순환하는 곳이니까 이름 한번 기가 막히게 잘 지었다. 대류권에서 대류가 일어나게 하는 동력은 태양에너지, 그 결과 태어난 것이 변화무쌍한 날씨다.

날씨는 눈에 보이고 귀로 들을 수 있고 코로 냄새 맡고 피부로 느낄 수 있다. '씹고 뜯고 맛보고 즐기고'라는 어느 의약품 광고처럼 오감으로 경험할 수 있다는 뜻이다. 지구의 대기는 날씨가 존재할 수 있게 한 기적이다. 대기과학을 공부하고 싶다는 강렬한 열망이 솟구쳤다.

달은 대기가 있긴 하지만 너무나 희박해 진공상태나 마찬가지다. 달의 질량이 지구의 80분의 1에 불과해 대기를 붙들어 둘 만큼 중력이 강하지 못한 탓이다. 대기가 없는 달에는 날씨라는 기적 대신 매일 똑같은 시커먼 밤이 쏟아진다. 금성의 대기는 온실가스인 이산화탄소가 96.5%를 차지한다. 지상의 기온은 400℃ 넘게 치솟아 펄펄 끓는 불가마 상태다.

대기가 부족하지도 넘치지도 않게, 알아서 딱 깔끔하고 센스 있게 존재하는 지구는 축복받은 곳이다. 지구의 대기가 극심한 기온 변화를 막아주는 이불 역할을 했고 그 덕분에 생명이 잉태할 수 있었다. 우주에서 날아온 소행성이나 운석도 대기권에 진입하면 엄청난 마찰로 불타오르며 무력화된다. 기능적인 역할뿐만 아니라 감성적인 역할도 충만하다. 지구의 하늘은 파란빛에서 타오르는 붉은빛으로, 찬란한 황금빛으로 표정을 바꾸며 우리를 내려다본다. 지구의 대기에서 빛이 산란한 덕분에 우리는 프리즘을 통과한 무지개처럼 알록달록한 세상을 마주하게 됐다.

대기과학을 전공으로 선택하고 공부하면서 한 가지 더 알게 된 사실이 있다. NASA에는 천문학자만 있는 게 아니었다. 3학년 때 대기물리학을 강의했던 교수님은 NASA 고다드우주비행센터에서 오신 분이었다. NASA는 우주 관측이나 개발 못지않게 인류의 터전인 지구에 대한 연구도 활발히 하고 있었다. 지구 저궤도 위성으로 재난을 감시하고, 전 지구 관측망으로 온실가스와 환경 오염물질을 측정한다. 거대한 빙하와 해빙을 관측하는 등 우리가 알지 못하는 수많은 프로젝트를 진행하고 있다. 대기과학자도 NASA에 충분히 갈수 있다는 뜻이었다. 단 공부만 잘한다면.

그러나 NASA로 가는 길은 순탄치 않았다. 공부라는 필요충분조건을 내가 만족시키지 못했기 때문이다. 나는 대학원에 진학하기보다는 빨리 세상에 나가고 싶었다. 과학자가 될 수도 있겠지만, 과학을 잘 아는 전문기자가 된다면 연구실에 있는 것보다 더 넓은 세상을 마주할 수 있을 것 같았다.

기상전문기자가 된 뒤 생각보다 일찍 기회가 찾아왔다. 대기과학이 아닌 천문학이 계기가 되어주었다. 2013년 태양 표면의 흑점이 11년을 주기로 최대에 이르는 극대기를 맞았는데, 천문 연구원과 이런 얘기를 나누다가 전 세계적으로 흑점 극대기를 어떻게 대비하고 있는지 취재하면 어떻겠냐는 제안이 나왔다.

태양 표면에서 주위보다 온도가 낮아 검게 보이는 흑점은 주기적으로 폭발을 일으킨다. 1610년 태양의 흑점을 처음 발견한 사람은 갈릴레이였다. 그 뒤 400년 넘게 태양 관측이 이뤄졌지만, 흑점 폭발이 지구에 위협이 된다는 사실이 드러난 것은 비교적 최근이다.

태양폭풍이 지구로 불어오면 강력한 X선 때문에 단파 통신 장애와 정전이 일어나고 인공위성도 손상을 입을 수 있다. 항공기가 경로를 이탈하고 지상의 내비게이션에도 오류가 발생하는데, 정보통신기술에 의존하는 현대사회에서 태양폭풍은 한순간에 문명을 마비시킬 수 있는 치명적인 위험이다.

태양폭풍을 취재하러 NASA 본부와 고다드우주비행센터를 방문했다. 그곳에서 태양 흑점을 연구하는 과학자들을 만나 열정적으로 인터뷰했다. 오랜 시간 꿈꾸던 곳에 드디어 왔다는 사실이 믿어지지 않을 만큼 가슴 벅찼다.

나의 꿈이 NASA 과학자로 일하는 것이었다고 하니 그들 특유의 긍정적인 화법으로 "아직 늦지 않았어, 지금 다시 공부해서 도전해"라며 응원해 줬다. 신방실 박사가 되어 NASA에 갈 수도 있겠지만 신방실 기자로 NASA에 온 것도 자랑스러웠다. 그 후로도 신방실 기자는 NASA 연구소 대부분을 취재했고 과거의 꿈을 떠올리며 힘든 줄 모르고 뛰어다녔다고 한다.

현장을 놓치면
기회는 없다

방송기자에게 현장은 생명과 같은 곳이다. 머릿속으로 생각했던 대로 일이 술술 풀리거나 기대했던 것보다 더 훌륭한 현장을 만나면 나도 모르게 흥분하게 된다. 똑같은 이야기를 글로 풀어낸다고 해도 영상의 힘이 없으면 흑백사진으로 도배된 신문 기사와 다를 게 없다.

날씨를 취재하는 기상전문기자 입장에서 좋은 그림은 대체로 이런 종류다. 시커먼 먹구름이 밀려오는 하늘이나 미친 듯 쏟아지는 비와 거센 바람, 굵은 눈발, 누런 흙먼지, 집채만 한 파도…. 재난 상황에서 주로 현장에 나가다 보니 궂은 날씨가 실감 나도록 온마이크를 잡는 것도 중요하다. 머리카락이 온통 휘날리거나 비 맞고 눈 맞는 일이 다반사인데 그래서 외모는 진즉 포기했다. 거울을 보거나 화장을 고칠 여유는 없다.

북극 취재를 갔을 때에도 현장은 단 한 번뿐, 되돌아갈 수 없기 때문에 온마이크에 대한 고민을 많이 했다. 기자가 온마이크를 하는 가장 중요한 이유는 현장을 보여주기 위해서다. 빙하 탐사를 나갔을 때, 유빙을 발견했을 때, 공항에 도착했을 때, 영구동토층을 발견했을 때 시도 때도 없이 온마이크를 했다. 나중에 원고가 어떤 방향으로 변할지 알 수 없기 때문에 가능한 모든 상황에서 다양한 멘트로 온마이크를 했다. 만약 북극 다큐멘터리가 KBS〈걸어서 세계 속으로〉 같은 여행 프로그램처럼 나의 시각으로 흘러가는 구조였다면 현장을 담은 온마이크나 녹취가 굉장히 많이 필요했을 것이다.

북극에서 만난 현장은 하나하나가 경이로워서 잔뜩 흥분하거나 신이 난 목소리가 담겼다. 그러나 막상〈시사기획 창〉'고장 난 심장, 북극의 경고'를 제작할 때는 넘치는 온마이크를 거의 사용하지 못했다. 다큐멘터리의 형식상 이전에도 온마이크가 나온 적이 거의 없고, 특히 목소리 더빙을 기자가 하지 않는데 기자 얼굴이나 목소리가 나오는 것은 어색하다고 했다. 결국 의욕 넘치는 온마이크는 9시 뉴스에서 일부 소화할 수 있었다.

북극 취재 이전에 내가 접한 가장 극한 현장은 서해상의 암초인 소청초 해양과학기지를 취재했을 때였다. 당시 중국에서 시시때때로 밀려오는 짙은 미세먼지 때문에 대기질에 대한 국민적 관심이 뜨거웠다.

　우연히 가을기상학회에 발표되는 논문의 초록을 훑어보다가 소청초 해양과학기지에서 측정한 미세먼지에 대한 내용이 눈에 들어왔다. 소청초는 인천 옹진군 소청도에서 남쪽으로 37km 떨어진 곳에 있는 암초다. 수중 48m 깊이의 암초에 해양과학기지를 지어 수면 위로 42m 드러나 있으니 기지의 전체 높이가 90m에 달한다. 2003년 이어도 과학기지, 2009년 가거초 과학기지에 이어 2014년에 완공된 대한민국의 3대 해양과학기지다.

　이름도 생소한 서해 최북단 소청초, 주변에 오염원이 없는 청정한 이곳에서 미세먼지 관측을 해왔다면 중국의 영향을 보여줄 수 있을 것이라는 아이디어가 떠올랐다. 갑자기 온몸에서 아드레날린이 치솟았다. 타고난 천성이 떠나는 것을 좋아해 배 타고 비행기 타고 언젠가는 우주선이랑 잠수함도 타고 싶은 나였다. 즉시 해양과학기술원 홍보실에 연락해 취재가 가능하다는 답을 받았다. 동행할 연구원들도 소개받았다.

　독도에서 온실가스 측정이 처음 시작됐을 때 기상청과 함께 배를 탄 적이 있다. 평소 접안이 쉽지 않은 독도지만 그날따라 실바람조차 불지 않을 만큼 날씨가 좋았고 무수한 무용담을 뒤로한 채 '무혈입성'할 수 있었다. 내가 동해안 출신이어서 포세이돈이 도운 건가. 그러나 서해는 날 버렸다.

　인천여객터미널에서 소청도까지 가는 바닷길은 내 인생 최대의 위기였다. 그날 풍랑주의보가 예고돼 하마터면 배의 운항이 중단될 뻔했는데 운 좋게 승선했다. 그러나 안도감도 잠시, 배가 심하게 출렁이면서 나 자신을 통제하는 일이 불가능했다. 한번 토하고 와서 자리에 앉으면 또다시 멀미가 났다. 결국 화장실 난간을 잡고 토하기를 반복하며 배가 멈출 때까지 견딜 수밖에 없었다. 서울에서 먹고 온 멀미약은 아무 소용이 없었다.

구토로 이미 제정신을 상실했을 때 배가 멈추기에 소청도인가 보다 하고 내렸는데 그곳은 이미 대청도였다. 인천에서 출발한 배는 연평도를 거쳐 소청도와 대청도, 백령도 순서로 지난다. 아마 거센 파도와 선내의 혼란으로 안내 방송을 듣지 못하고 소청도를 지나친 것 같았다. 어쩔 수 없이 대청도에 내려 다음 배를 기다렸다. 사람들에게 물어보니 보건소에서 지은 멀미약이 효과가 있다고 해서 대청도 보건소로 달려가 멀미약을 여유 있게 확보했다.

우여곡절 끝에 소청도에 도착한 뒤 미리 예약한 펜션에서 연구진과 만났다. 서해 가장 끄트머리 섬에서 보내는 밤은 낭만적이었다. 오는 길의 고생을 잊게 할 만큼. 하늘의 별은 우수수 떨어질 듯 충만했고, 파도 소리는 ASMR이 되어 지친 마음을 어루만졌다.

아이를 키우는 엄마가 되자 나만의 시간이 사실상 존재하지 않았다. 음악 한 번 듣는 것도, 커피 한 잔 여유 있게 마시는 일도 힘들었다. 그래서 지방 출장이나 해외 출장이 잠시 숨통을 틔워주는 산소 같았다. 물론 아이는 사랑스럽지만, 가끔 혼자 산책하고 시원한 맥주를 마시며 실컷 TV 보다 잠드는 밤은 너무나 달콤했다. 지방 출장을 가면 술자리가 만들어지기도 하지만 혼자 방에 남아 실컷 힐링하는 편이 훨씬 행복했다.

소청도의 아름다운 밤은 그러나 너무 짧았다. 다음 날 일찍 펜션 사장님의 작은 어선을 타고 소청초 기지를 향해 출발했다. 파도는 여전히 심술궂었고 배의 진동은 여객선과 비교할 바가 아니었다. 멀미약을 먹었어도 속이 울렁거려 조종석 뒤에 있는 작은 실내 공간에 뻗고 말았다. 선장님이 처음 배에 탔을 때 먹으라고 주신 초코파이를 냉큼 받아먹은 것도 화근이었다. 밖은 너무 추웠고 촬영기자 선배는 거센 바람과 싸우며 드론 촬영을 하느라 정신이 없었다. 연신 구토를 하면서 내가 왜 사서 고생을 할까 싶었다.

그러나 눈앞에 소청초 기지를 마주했을 때는 언제 엎드려 있던 사람인가 싶게 벌떡 일어섰다. 영화에서 본 석유 시추탑처럼 거대한 첨탑이 서해 한가운데 외로운 거인처럼 서있었다. 배를 기지 아래에 접안한 뒤 스턴트 배우처럼 첨탑 사다리를 타고 건물까지 올라갔다. 무거운 촬영 장비를 든 촬영기자 선배는 애를 먹었다. 자칫 방심하면 바다로 떨어지거나 구조물에 부딪혀 다칠 수 있는 상황이었다.

온갖 고생을 다 하며 3층으로 된 철제 계단을 올라가자 기지에 도착할 수 있었다. 기지 역시 3층 높이였다. 연구원들이 멀리서 온 우리를 반갑게 맞아줬다. 내부에 들어갔을 때 깜짝 놀란 것은 생각보다 시설이 좋았다는 점이다. 북극 다산기지처럼 상주하는 연구원이 있는 것이 아니라 연구 목적에 따라 오가는데 침대와 세탁실, 주방 등이 갖춰져 육지의 기지와 다르지 않았다. 단지 물이 부족해서 샤워를 하는 대신 마른 머리에 할 수 있는 드라이 샴푸를 자주 사용한다고 했다. 드라이 샴푸가 뭔지 그때 처음 알았다.

소청초 해양과학기지에 설치돼 있는 미세먼지 관련 장비들을 촬영하고 인터뷰까지 마친 뒤 꼭대기층에 올라갔다. 그곳은 옥상이라고 할 수 있는 공간으로 헬기 착륙장이 있었다. 때마침 바람도 적당히 불고 이때다 싶어 온마이크를 잡았다. 소청초에 오기까지 기나긴 여정이 스쳐 지나갔다. 언론사 기자가 한 번도 온 적 없는 망망대해에서 마이크를 들고 있자니 나 자신을 칭찬하고 싶어졌다. 새로운 분야를 개척하고 가슴 뛰는 모험을 하는 게 내 적성에 맞다는 확신도 들었다.

방송은 '단독'이라는 타이틀을 달고 나갔다. 현장 취재에, 스튜디오에서 중국발 미세먼지를 분석한 내용까지 더해서 내보냈다. 주위에서는 어렵게 간 취재인데 더 많은 꼭지로 보도했으면 좋았겠다는 얘기가 나왔다. 힘들었지만 이런 보람에 방송기자를 하는 게 아닐까. 재밌는 점은 나의 방송이 나간 뒤 1주일 뒤에 다른 방송사도 소청초 기지에 헬기를 띄웠다는 거다. 마치 내가 발굴한 맛집이 소문나서 문전성시를 이룬 기분?

다음 목적지는 어디가 될까? 한때 태평양 탐사를 나가는 해양과학조사선 '이사부호'에 태워달라고 해양과학기술원을 조른 적이 있다. 한 달 넘게 배를 탈 텐데 괜찮겠냐고 물었다. 북극에 이어, 남극 장보고기지에도 가겠다고 시동을 걸고 있다. 빙하 시추 작업을 함께 하고 싶다. 지구 저궤도를 비행하는 우주 관광 취재는 어떨까? 무중력 상태에서 온마이크를 잡으면 얼마나 멋질지 생각만 해도 심장이 터질 것 같다. 그사이에 엄마 껌딱지로 불리던 아이는 많이 자랐다. 아이는 자기만의 공간을 갖고 싶어 하는 나이가 됐고 나에게는 혼자만의 밤이 더 많이 필요하다.

아이를 업고
레이스에 참가한 운동 선수

역마살이 있는지 집에 가만히 있지 못하고 어디든 바람처럼 나다니는 것을 좋아하던 나에게 육아휴직은 거대한 도전이었다. 너무나 작고 연약한 아기에게서 한순간도 눈을 떼지 못한 채 종일 둘만 있다 보면 녹초가 될 수밖에 없다. 수유부터 씻기고 재우는 일어느 하나 쉽지 않았다. 친정엄마가 근처에 살아서 육아를 도와주는 사람이 가장 부러울 때였다. 남편이 출근하는 순간부터 퇴근을 기다리며 무한 반복되는 노동, 그리고 질긴 외로움과 한 몸이 됐다.

나는 아이를 키우며 많이 울었다. 어떻게 해야 하는지 몰라서 울고, 가슴이 답답해서 울고, 잠을 못 자 피곤해서 울었다. 산후조리원에선 KBS 〈1박 2일〉을 보면서도 눈물이 줄줄 흘렀다. 나를 보며 아빠는 애 엄마가 그렇게 약해서 되겠냐고 핀잔이었다. 나는 대답했다. 내가 태어나면서부터 엄마였던 것도 아니고 엄마가 되어가는 과정이라고 말이다.

가끔은 억울하기도 했다. 남편은 힘든 임신을 겪은 것도 아니고, 출산의 고통을 경험하지도 않고 아빠가 됐다. 아빠라는 왕관을 너무 쉽게 얻는 게 아닌가 하는 생각이 들었다. 아무리 곁에서 간접 경험을 했어도 직접 경험한 것은 아니니까. 하늘과 땅 차이다. 아이를 낳고 회사에 돌아갔을 때 가장 많이 들은 얘기는 "둘째 안 낳느냐"였다. 그 말은 거의 100% 남자들의 입에서 나왔다. 임신과 출산의 어려움을 아는 여자들은 그런 말을 쉽게 하지 않는다. 아주 친한 사이라면 더더욱.

엄마가 된 뒤 가장 놀란 점은 나 자신이 동시에 서너 가지 일을 처리하는 모습이었다. 나중에 회사로 복직하자 처리 용량은 2배로 늘었다. 먹이고 입히고 재우는 기본적인 육아에 예방접종, 영유아 검진, 준비물과 행사를 챙기고 회사 업무까지 동시다발적으로 처리하는 내가 슈퍼맨, 아니 슈퍼컴퓨터가 된 것 같았다.

아이를 키우다가 회사로 돌아오기 전 감 떨어진 '경단녀(경력 단절 여성)'가 되면 어쩌지 하는 두려움이 컸다. 육아휴직 최대 기간인 2년을 모두 썼기 때문에 더 이상 도망갈 곳이 없었다. 보통 휴직 기간의 절반인 1년은 아이가 초등학교에 들어갈 때를 대비해 남겨둔다. 한국에서 초등학교 1학년은 신생아만큼 부모의 손길이 많이 필요하기 때문이다.

　내가 회사로 돌아온 시기에 전 세계적으로 '슈퍼 엘니뇨'가 절정에 달해있었다. 엘니뇨는 적도 부근 동태평양의 수온이 비정상적으로 높아지는 현상으로 지구촌 곳곳에 이상기후를 불러온다. 뉴스 볼 시간이 없었던 나는 복직 이후 뉴스를 따라가기 바빴다. 기획 거리를 내면 "그 얘기 이미 나왔는데" 같은 대답이 돌아왔다. 엘니뇨와 라니냐는 내가 가장 자신 있는 분야였는데 뒷북을 치는 나 자신이 초라하게 느껴졌다.

　곧이어 엄청난 사건도 벌어졌다. 서울 광화문에서 인공지능 알파고와 이세돌 9단이 5회에 걸쳐 대국을 벌이게 된 것이다. 에릭 슈밋 구글 회장과 세르게이 브린 구글 창업자까지 방한할 정도로 관심이 뜨거웠다. 당시 내가 있던 과학재난부에서 과학기술정통부를 출입하고 있었기 때문에 키를 잡고 알파고 뉴스를 끌어갔다. 훗날 과학 저널 《사이언스》는 이 대국을 2016년의 10대 과학 성과로 선정하기도 했다.

　이세돌 9단이 세 판을 내리 패배하면서 인공지능에 대한 놀라움과 함께 앞으로 인간이 인공지능으로 대체될 수 있다는 위기감이 커졌다. 인공지능이 텔레마케터 같은 단순한 업무를 시작으로 판사, 변호사, 의사, 기자 같은 직업까지 넘볼 것이라는 전망이 쏟아졌다.

　이세돌 9단은 네 번째 대국에서 값진 승리를 거뒀지만 결국 마지막 판도 인공지능 앞에 무릎을 꿇었다. 은퇴를 결심하게 된 가장 결정적인 계기가 바로 알파고와의 대국이었다고 하니 인공지능에 패배한 것이 얼마나 큰 충격이었는지 짐작할 수 있다.

전 세계적으로 알파고 뉴스가 쏟아져 나왔고 나도 적극적으로 발제를 했다. 《과학동아》 시절부터 과학 분야를 취재해 온 전문기자로서 이런 역사적인 순간에서 빠지고 싶지 않았다. 스튜디오 출연과 리포트 제작까지 욕심을 냈다.

그런데 그 시기는 아이가 회사 어린이집에 막 입소해 적응하던 때이기도 했다. 두 돌을 넘긴 아이를 아침 9시에 데려가 처음에는 10시, 11시, 12시 이렇게 시간을 늘려가며 데려와야 했다. 그런데 우리 부부는 아이를 데려와 돌볼 여력이 없었다. 남편과 내가 하루 이틀 휴가를 낸다고 해결될 문제가 아니었다. 결국 우리 아이만 오후까지 어린이집에 남게 됐다. 점심을 먹고 낮잠까지 자면서 말이다. 도저히 아이를 데려갈 수 없다는 말에 어린이집에서는 감사하게도 아이를 돌봐줬다.

그사이에 아이를 봐줄 베이비시터 면접에 돌입했다. 인공지능 기획과 취재를 하는 동시에 회사 카페에서 이모님들을 만났다. 마음에 쏙 드는 사람을 만나려면 월급을 높게 부르든지 면접을 신중하게 봐야겠지만 둘 다 불가능한 상황이었다. 급한 불을 끄느라 첫눈에 괜찮아 보이는 이모님을 집에 들였지만 한 달 지나 관두고 또 면접을 보는 일이 반복됐다. 나와 우리 아이에게 최대 위기였다. 입만 열면 정신없다, 바쁘다는 말이 쏟아져 나왔다.

　아이의 입장에서도 양육자가 자주 바뀌니 혼란스러웠을 것이다. 아이가 초등학교에 입학하기까지 입주 이모님 4명, 하원 도우미 2명을 겪었다. 6명을 만나기 위해 면접에 들인 시간과 정성, 반복되는 오리엔테이션, 관련 사이트에 지불한 수수료까지 생각하면 어마어마하다. 그러나 마지막에 아이를 돌봐준 하원 도우미는 한동네 언니 같은 분이었고 지금도 보고 싶을 정도다. 그분을 만나기 위해 아마 그리도 고생스러웠나 보다.

　든든한 육아 도우미가 있으면 일을 해도 마음이 편하다. 그렇지 않으면 몸과 마음이 힘들 수밖에 없다. 일을 하다가도 휴대전화 앱으로 아이가 잘 있는지 CCTV를 보며 확인하곤 했다. 가장 믿음직한 사람은 친정엄마겠지만 엄마가 아이를 보다가 몸이 안 좋아지는 경우도 많아서 정답은 아닌 것 같았다.

　일하는 엄마에게 육아는 최대 난제다. 방송기자는 주말이나 공휴일, 명절에도 당직이 잦은데 남편까지 출장이 잡히거나 하면 비상이다. 지방에 있는 부모님에게 연락할 때도 많았다. 주변에는 주말에 아이를 데리고 사무실에 출근한 선배도 있었다. 나도 그런 위기를 여러 차례 겪었다. 보도국 사무실에 아가방을 만들어야 한다는 얘기가 나올 정도였다.

　이상하게 빨간 날에만 터지는 재난에 아이를 어딘가에 짐처럼 내려주고 사무실로 불려 나가는 기분은 착잡하다. "남편이 없어서 나가기 힘들어요." 이런 말은 변명처럼 들릴까 봐 하고 싶지 않다. 특히 부서 내에 아이 키우는 엄마가 없거나 육아에 대한 이해도가 낮을 경우 나만 배려해 달라고 상대에게 강요하기 힘들었다.

주말에 아이를 데리고 체험전에 가거나 워터파크에 있다가도 회사의 전화를 받고 달려가는 일이 많았다. 아이는 어느 순간 내가 전화를 받으면 눈치를 봤다. 그리고 물었다. "엄마, 또 회사 가?" 그렇게 자란 아이는 새벽 3시에 일어나 출근 준비를 하는 엄마를 봐도 붙잡지 않는다. 일찍 철이 든 것이다. 그런 아이의 모습에 가끔은 마음이 멍든 것처럼 아렸다.

어린이집에 아이를 적응시킨 후에도 고난은 끊임없이 찾아왔다. 아이들이 자라면서 그렇게 시도 때도 없이 아픈 줄은 예전엔 미처 몰랐다. 단체 생활을 하다 보니 한 명이 감기에 걸리면 같은 반이 다 같이 콜록대고 감염성이 강한 수족구, 구내염, 눈병은 계절이 바뀔 적마다 단골손님이었다.

베이비시터가 관뒀을 때 아이가 열이 나기 시작했다. 수족구인가 하고 입을 벌려보라고 했는데 수포가 보여서 막 울었다. 아이는 무슨 일인지도 모르고 나를 따라 통곡했다. 한참 바쁠 때라 휴가를 내기 힘든 상황이었는데, 수족구에 걸리면 의사의 완치 확인서를 받기 전까지 1주일 정도 등원시킬 수 없다. 그 시절에는 아이가 아플 때마다 서럽게 울었던 것 같다.

회사는 나라는 노동자가 젊고 건강하고 성실하게 1인분의 몫을 해내길 기대한다. 나이 들어가거나 병들고 아픈 가족 또는 아이를 돌보는 등의 현실적인 문제는 곧잘 수면 아래로 묻혀버린다. 가끔 세상은 즉시 출동 준비가 돼있는 이상적인 노동자로만 채워진 것처럼 느껴진다.

회사에서 일하는 내내 몸은 아이와 떨어져 있지만 마음은 떼어낼 수 없었다. 마치 아이를 업고 레이스에 참가한 운동선수 같았다. 다른 사람은 맨몸으로 뛰는데 나는 아이와 함께 고투하는 기분이었다. 가끔 뉴스 출연할 때 아이를 안고 나오면 어떨까 하는 생각이 들기도 했다. 애를 키우면서도 이렇게 일한다는 걸 보여주고 싶었다. 겉으로는 우아한 백조 같지만, 매 순간 뜀박질하고 있는 현실판 기자 엄마의 모습이니까.

코로나19로 화상 인터뷰나 강의가 일상이 되면서 재미있는 일이 자주 목격됐다. 진지하게 인터뷰하고 있는 엄마나 아빠 뒤로 기저귀를 찬 아이가 갑자기 튀어나오거나 하는 장면이었다. 아이들의 해맑은 모습에 미소가 지어지는 것과 동시에 저명한 과학자건 정치인이건 연구원이건 집에서는 누군가의 부모라는 걸 느낄 수 있었다. 사회가 봉쇄된 엄중한 상황에서 가족은 가장 안전한 울타리다.

그러나 기나긴 팬데믹에 엄마들도 지쳐갔다. 집에서 하는 학교 화상 수업은 컴퓨터부터 헤드셋 사용법까지 일일이 손이 갔고, 주의력 떨어지는 아이를 살피는 것도 일이었다. 엄마들 사이에서 '돌고 돌면 밥(돌돌밥)'이라는 슬픈 농담이 나왔다. 아침 먹고 점심, 그리고 저녁까지 하루 종일 집에서 밥만 한다는 뜻이었다.

기나긴 감염병의 터널을 빠져나와 2023년 5월 WHO는 3년 4개월 만에 코로나19 비상사태를 해제했다. 드디어 아이들은 마스크를 벗고 학교에 가게 됐다. 그동안 고생한 엄마들과 따뜻한 격려를 나누고 싶다. 아이를 업고 레이스를 뛰는 우리는 서로를 응원하며 더 나은 세상이 되길 기도한다.

엄마와 나,
그리고 기상전문기자의 2020년

2020년은 정신없이 계속된 코로나19 특보 때문에 가족을 챙길 여유도 없었다.

어느 봄날 아빠의 전화를 받았다. 엄마가 근처 병원에서 검사를 받았는데 서울 큰 병원에 가보라고 했다는 것이다. 마을의 통장이었던 엄마는 겨우내 집집마다 돌아다니며 마스크를 나눠줬다. 추운 날씨에 감기라도 걸린 걸까. 계단을 오르는데 숨이 잘 안 쉬어져 병원을 찾았다. 검사 결과 폐에 물이 차있었고 다른 검사를 추가로 하던 중 폐암이라는 소견이 나왔다. 아빠의 목소리는 울먹이고 있었다.

설마 하는 생각에 전화를 끊고 남편과 상의해 일단 병원 예약을 잡았다. 서울역에 마중을 나가 엄마를 기다리는데 저 멀리 까만 모자와 마스크를 쓴 엄마의 모습에 눈물이 나왔다. 며칠 병원 생활을 하며 야윈 얼굴을 보니 마음이 찢어질 것 같았다.

엄마는 서울에 있는 병원에 입원해 끝없는 검사를 받느라 여기 저기 실려 다녔다. 검사 결과가 나올수록 우리는 초조해졌고 엄마는 담대해졌다. "엄마 암 맞지? 상태가 안 좋다고 하지?" "아니야, 엄마. 결과 나와봐야 알지. 괜찮을 거야."

그러나 엄마의 예감대로 상태는 좋지 않았다. 이미 전이가 시작돼 4기 진단이 나왔다. 표적 항암제를 써서 치료하기로 했다. 방사선 치료처럼 머리카락이 빠지는 부작용은 없지만 암세포를 죽일 정도로 강한 약이기 때문에 피부 발진에 염증, 가려움증 등 여러 부작용을 불러오는 치료였다.

마스크를 들고 동네를 몇 바퀴씩 돌 정도로 건강하던 우리 엄마가 한순간에 암 환자가 됐다. 엄마의 가녀린 팔뚝은 주삿바늘 자국으로 성한 곳이 없었다. 나는 집과 회사, 병원을 오가며 암 치료에 대해 공부했고 엄마의 식단을 위한 요리책을 사고 인터넷 카페에 가입해 정보를 얻었다. 엄마를 살릴 수만 있다면 뭐든 할 수 있을 것 같았다.

반면 엄마는 암 진단을 받는 순간부터 무너져 내리기 시작했다. 음식을 끊다시피 했고 병원에 검진을 갈 때마다 체중이 급격히 줄었다. 엄마를 흔들어 놓은 것은 인생에 대한 깊은 허무였다. 통영 바닷가 아가씨가 강릉 남자 만나 멀리 시집을 왔다. 그때만 해도 강원도로 시집가면 북한 무장공비가 내려온다면서 가족들이 만류했다고 한다.

어려운 살림살이에 자식들 키우느라 한 번도 맘 편히 쉬어본 적 없는 인생이었다. 막내까지 취업하면서 이제 근심 걱정 없이 살아보나 싶었는데 갑자기 이런 일이 찾아오자 엄마는 삶의 의지를 꺾어버렸다. 처음에는 억울함과 분노가 밀려왔고 다음은 좌절과 체념, 절망이었다.

엄마는 병원 검사를 거부해 아빠와 실랑이를 벌였다. MRI나 CT 촬영일이 되면 아빠와 나는 엄청난 긴장 속에서 모든 과정에 임해야 했다. 엄마는 나날이 약해졌고 병원은 엄마에게 우호적인 곳이 아니었다. 한여름에도 엄마는 차가운 병원 공기에 벌벌 떨었다. 나는 두꺼운 담요로 엄마의 몸을 감싼 채 기약 없는 검사를 기다렸다. 예약을 해도 검사 시간은 늦어지기 일쑤였다. 전날부터 아무것도 먹지 못한 공복의 엄마는 금방이라도 숨이 멈춰버릴 것 같았다.

2020년은 여기에서 멈추지 않았다. 6월 24일 시작된 중부지방의 장맛비가 7월을 넘기고 8월이 되도록 멈추지 않았다. 보통 장마는 6월 중순부터 한 달 정도 지속되는데, 그해에는 무려 8월 16일까지 54일간 이어졌다. 역대 가장 긴 장마였다. 홍수가 나고 집이 떠내려가고 많은 사람이 목숨을 잃었다. 왜 하필 그해에 그렇게나 지독한 장마가 찾아왔을까. 날씨는 나를 도와주지 않았다.

생방송을 마치고 나오자마자 다음 방송을 준비하고 쉼 없는 릴레이 특보 출연이 이어졌다. 어느 날은 출연을 마치고 나왔는데 아빠에게 부재중 전화 수십 통이 와있었다. 무서운 예감에 바로 전화했더니 엄마가 기관지 내시경을 하던 중 과잉 출혈로 의식을 잃어 중환자실에 옮겨졌다고 했다. 엄마의 작고 가녀린 몸에서 온갖 검사는 그칠 줄 몰랐고 이러다 엄마를 잃을 수도 있겠다는 생각이 들었다.

너무 슬픈 건 바로 병원으로 달려갈 수 없는 나의 처지였다. 엄마가 어떻게 될지도 모르는데 엄마에 대한 걱정을 꽁꽁 숨긴 채 방송을 계속해야 했다. 만약 생방송 도중에 울어버리면 어떤 일이 일어날까. 엄마에게 가겠다고 뛰쳐나가면 어떻게 될까. 유례없는 장마로 재난특보 출연은 3교대로 꽉 차있었고 한 명이라도 없으면 나머지 누군가가 2배로 일해야 했다. 하염없이 내리는 비를 원망하면서 속으로 많이 울었다.

다행히 저녁에 엄마가 의식을 회복했다는 연락이 왔다. 비로소 뭐라도 먹어야겠다는 생각이 들어서 선배들을 따라 구내식당에 갔다. 식판에 밥을 담고 반찬을 담고 일부러 더 씩씩한 표정으로 꾹꾹 씹었다. 소중한 엄마가 생사의 기로를 오가고 있을 때 나는 눈물 속에 밥알을 삼키며 더 강해지겠다고 다짐했다.

아무도 나의 슬픔을 눈치채지 못하게 하고 싶었다. 처음에는 엄마 소식을 듣고 다들 걱정해 줬다. 그런데 나의 슬픔이 남들의 행복이나 일상을 방해할까 봐 두려워졌다. 즐거운 자리에 내가 끼고 누군가가 어머니 괜찮으신지 안부를 묻고 내 얼굴이 어두워지고 순간

되돌릴 수 없는 미래

찬물이 끼얹어지는 분위기가 되고…. 슬프고 힘든 건 나인데 되레 미안함까지 느껴야 했다. 엄마가 병원에 있을 때는 그래서 회식이나 모임을 피하려고 했다. 술만 마시면 대성통곡하는 나 자신도 싫었다. 운다고 해결되는 문제가 아닌데, 그걸 아는데도 엄마가 가엾어서 자꾸 눈물이 쏟아졌다.

* *

아이를 낳고 산후조리원에서 나왔을 때 엄마가 우리 집에 왔다. 매일 다른 재료로 미역국을 끓이고, 아이 재우고 씻기고 청소와 빨래까지 궂은일을 도맡았던 엄마였다. 내가 모유 수유를 하다가 너무 힘들어서 울면 엄마는 요즘 분유 좋으니 사 먹이면 된다고 했다. 아이가 잠투정해서 내가 못 자면 엄마가 몇 시간이고 아이를 업어서 재웠다. 잠깐이라도 나를 쉬게 하려고 엄마는 뭐든 했다.

엄마는 자주 이런 말을 하곤 했다. "손주가 아무리 예뻐도 내 딸을 힘들게 하면 싫어."

"에이, 나보다 손주가 예쁘지 않아? 이렇게 작고 귀여운데?"

"아무리 예뻐도 내 귀한 딸은 너야, 방실아. 널 힘들게 하면 엄마는 다 싫어."

이 세상 누구보다 딸을 아끼던 엄마는 1년 반의 힘든 투병 생활을 뒤로하고 하늘나라로 떠났다. 9월의 가을 태풍이 올라오고 있었다. 새벽에 특보 출연이 있어서 일찍 저녁을 먹고 쉬던 중 아빠의 전화를 받았다. 엄마 얼굴을 마지막으로 보지도 못하고 그렇게 영영 이별했다.

코로나19 때문에 병마와 싸우던 엄마는 훨씬 고단했다. 병실에 확진자가 나올 때마다 시도 때도 없이 검사했고, 병실에 상주할 수 있는 보호자는 한 명뿐이었다. 외부 면회는 금지였다. 얼마나 힘들고 외로웠을까. 엄마가 태풍의 북상에 맞춰 떠난 것은 나를 잠시라도 쉬게 하기 위해서였을까. 엄마라면 그럴 만하다. 딸을 힘들게 하는 것은 다 싫다고 했으니.

종가 큰며느리였던 엄마는 1년에 지내는 제사와 차례가 10번에 가까웠다. 거의 매달 중노동에 시달린 탓인지, 엄마는 내가 어렸을 때부터 명절에 일하는 직업이면 얼마나 좋겠냐고 했다. 명절 때 힘들게 일 안 하고 그냥 봉투만 내밀면 되지 않겠느냐고 말이다. 그때는 엄마 말에 웃었는데 정말 명절에 일하는 직업을 갖게 됐다. 엄마는 명절에 쉬지도 못하고 고향에 못 온다고 원성이었고 그때마다 난 엄마 소원대로 된 것 아니냐고 소리쳤다.

엄마는 지금도 하늘나라에서 날 보고 있을 것이다. 내가 힘들어하면 안쓰러워서 눈을 떼지 못할 게 뻔하다. 힘들고 피곤하고 지쳐 있을 때면 좀 쉬라고 하는 엄마의 목소리가 들리는 것 같다. 자식이 셋인데 다 똑같냐고 엄마에게 물은 적이 있었다. 그러자 엄마는 그렇지 않다고, 유난히 걱정되고 아픈 자식이 있는데 그게 너라고 말했다.

엄마 마음을 안 아프게 하려면 내가 잘 살아야겠다는 생각이 든다. 잘 산다는 건 돈이나 명예, 권력을 갖는다는 게 아니라 건강하고 행복하게, 그리고 나 자신을 위해 하고 싶은 것 다 하는 것이겠지. 아프지 말고. 스트레스받지 말고. 엄마라는 별은 언제나 내 가슴속에서 지지 않을 것이다. 깊은 슬픔은 그리움이 되어 나날이 짙어지고 있다. 나도 아이에게 이런 존재로 남을 수 있을까.

내가 북극에 간 시간 동안 잘 버텨준 아이가 있어서 '북극 체험'이라는 도전을 완주할 수 있었다. 나중에 들은 에피소드인데 아이가 엄마를 자랑스러워한다는 것을 처음으로 알게 됐다.

여름방학을 맞아 담임선생님이 집에 가서 엄마에게 보여주라며 알림장을 나눠줬다. 우리 아이는 이렇게 말했다. "우리 엄마는 지금 북극에 있어서 보여드릴 수가 없어요."

"북극? 엄마가 북극에 가셨니? 왜?"

"네. 우리 엄마는 기상전문기자거든요."

아, 다음번에는 어디로 가야 할까.

이토록 불편한 탄소,
우리에게 남은 시간은?

우리 DNA 안에 있는 질소, 우리 치아의 칼슘, 핏속의 철, 애플파
이 안에 있는 탄소는 모두 붕괴하는 별의 내부에서 만들어졌다.
우리는 별의 물질로 만들어졌다.

—칼 세이건, 《코스모스Cosmos》

우주는 한 점에서 시작됐다. 거대한 폭발이 일어나면서 점점 팽창
해 지금과 같은 모습이 됐다는 '빅뱅 이론'은 우리가 사는 세상의
탄생을 설명한다. 138억 년 전의 얘기다. 우주가 처음 생겨난 순
간에는 에너지밖에 존재하지 않았다. 그러나 우주가 서서히 팽창
하는 과정에서 온도가 낮아졌고 빅뱅 이후 38만 년 만에 수소가

탄생했다. 수소 원자핵이 부딪혀 헬륨이 되고 헬륨은 탄소를 빚어 냈다.

탄소는 우주에서 네 번째로 많은 원소다. 다른 원소와 결합해 흙과 돌이 되고 하늘에 떠다닌다. 땅속에도, 바닷속에도, 공기에도 있다. 음식에도, 몸에도 존재한다. 무엇보다도 탄소는 생명의 탄생에 결정적인 역할을 했다. 생명체의 가장 기본 단위인 세포는 단백질과 지방, 탄수화물로 이루어진 탄소 화합물이다.

탄소가 더욱 주목받게 된 것은 아주 오래전 땅속에 묻힌 동물과 식물의 사체가 에너지로 쓰이게 되면서부터다. 석탄은 고대 그리스 대장간에서 연료로 사용했다는 기록이 있을 정도로 긴 역사를 지닌다. 18세기 후반에는 석탄을 연료로 하는 증기기관이 발명됐고 공장의 기계와 기차의 엔진이 숨 가쁘게 움직이게 됐다. 한 번도 경험한 적 없는 풍요의 시대가 찾아왔고 탄광에서 일하던 광부들은 석탄을 '검은 다이아몬드'라고 불렀다.

석탄에 이어 석유와 천연가스의 시대가 도래했다. 말 그대로 탄소 혁명이었다. 화석연료의 힘으로 에너지를 내는 내연기관, 화석연료로 생산하는 전기와 시멘트, 철강, 석유로 만든 플라스틱까지 인류의 삶은 탄소를 기반으로 폭주하기 시작했다.

그러나 탄소는 돌연 불편한 존재로 변했다. 탄소 화합물인 화석연료를 불에 태우면 산소와 결합해 이산화탄소가 만들어지기 때문이다. 1938년 영국의 증기 기술자인 가이 스튜어트 캘린더는 화석연료에서 배출된 이산화탄소가 지구온난화를 초래한다고 처음으로 주장했다. 1958년부터 하와이 마우나로아섬에서 이산화탄소 농도를 관측한 찰스 데이비드 킬링 박사도 탄소의 불편한 진실을 알렸다. 탄소는 산업혁명의 기적을 불러온 주인공에서, '탄소중립', '탄소포집' 같은 말이 생길 정도로 인류를 위협하는 적이 됐다.

물론 탄소는 죄가 없다. 탄소를 무분별하게 꺼내 쓴 우리의 책임이다. 전 세계 인구는 2022년 기준 80억 명을 넘어섰다. 인구가 늘어날수록 에너지 소비가 증가하고 더 많은 식량이 필요하다. 식량 생산을 위해 농사를 짓고 가축을 키우는 과정에서 더 많은 이산화탄소가 배출되고 있다. 이제 지구는 인구도, 자원도, 탄소 흡수 능력도 포화 상태에 이르렀다.

나에게는 북극의 시간인 2022년에도 대기 중 이산화탄소 농도는 파죽지세로 상승했다. 미 국립해양대기청 발표에 따르면 전 지구 평균 이산화탄소 농도는 417.06ppm으로 유례없는 수준으로 높아졌다. 2021년과 비교하면 2.13ppm 증가한 수치로 11년 연속 2ppm 이상 상승한 것이다. 이산화탄소를 관측한 지난 65년간 이렇게 긴 상승세가 이어진 적은 없었다.

전 지구 이산화탄소 농도는 2015년에 '마의 벽'으로 불리던 400ppm을 넘었다. 이후 7년 만인 2022년에는 산업화 이전보다 50% 증가했다. 2023년 하와이 마우나로아의 이산화탄소 농도는 424ppm을 넘어섰다.

코로나 효과 끝나고 탄소 배출량 정점

이산화탄소 농도가 정점을 향해 치닫고 있는 것은 배출량이 늘었기 때문이다. 2022년 화석연료 관련 전 세계 이산화탄소 배출량이 375억 톤($37.5GtCO_2$)에 달할 것으로 '글로벌 카본 프로젝트Global Carbon Project'는 추정했다. 인류 역사에 단 한 번도 없었던 사상 최고치로 2021년과 비교하면 1%, 1990년보다 63% 증가한 수치다.

글로벌 카본 프로젝트는 전 세계 탄소 배출량을 추적하는 과학자 그룹으로 80개 기관의 과학자 100명 이상이 참여하고 있다. 375억 톤은 지구상에 서식하고 있는 모든 포유류 무게의 37.5배와 맞먹으며 보잉747 비행기 1억1,250만 대와 같은 중량이다.

2015년 세계는 파리협정에서 인류 생존을 위한 '1.5℃ 온난화'를 약속했지만, 코로나19로 인한 일시적인 감소세를 빼면 2015년 이후 탄소 농도는 오히려 5% 이상 상승했다. 포스트 팬데믹 시대, 억눌려 있던 경제와 산업이 기지개를 켜고 러시아-우크라이나 전쟁으로 에너지 위기가 촉발된 것이 원인이다.

1990년 이후 탄소 배출량이 감소했던 시기는 세 차례 있었다. 1992년 소비에트연방이 해체됐을 때 그 충격으로 전년 대비 3.1% 줄었고, 2009년 국제금융위기 때 1.4%, 2020년 유례없는 코로나19의 기습에 5.2% 급감하는 모습을 보였다.

지난 100년의 역사를 되돌아봐도 코로나19만큼 탄소 배출량을

세계 탄소 배출량 추이

강력하게 억누른 변수는 없었다. 1930년을 전후한 대공황과 1945년 제2차 세계대전 종전 때도 탄소 배출이 크게 줄었지만, 2020년 팬데믹 시국의 절반에도 미치지 못했다.

이례적인 봉쇄와 사회적 거리두기에 즉각 반응해 탄소 배출량이 급감한 건데, 아이러니하게도 탄소중립이 불가능한 목표가 아니라는 확신을 안겨주기도 했다. 그러나 희망적인 분위기도 잠시, 탄소 배출량은 다시 반등하며 대기 중 이산화탄소 농도를 끌어 올리고 있다.

탄소 흡수량 줄어드는 숲과 바다

인위적으로 배출된 이산화탄소의 4분의 1 정도는 해양ocean sink에, 나머지 4분의 1은 육지 생태계land sink에 흡수된다. 나머지 절반 정도는 대기airborne fraction에 머물며 이산화탄소 농도를 끌어 올리고 그 결과 지구의 온도 상승을 불러온다.

산업혁명 이전에는 인간에 의한 배출량과 자연에 의한 흡수량이 서로 균형을 이뤘다. 그러나 화석연료에서 배출된 이산화탄소의 양이 급격하게 증가하면서 자연이 흡수할 수 있는 한계치에 가까워지고 있다.

지난 10년간(2012~2021) 화석연료에 의한 이산화탄소 배출량은 전체의 89%를 차지했다. 나머지 11%는 산림 벌목이나 훼손, 개발 등 토지 이용의 변화로 배출된 이산화탄소로 분석됐다.

그렇다면 자연이 흡수한 양은 어느 정도였을까? 육지 생태계는 전체의 29%에 달하는 이산화탄소를 흡수했고 26%는 해양에 녹았다. 나머지 48%는 대기에 차곡차곡 쌓였다.

기업 '대차대조표Balance Sheet'처럼 지난 10년간 이산화탄소 총 배출량(100%)과 총 흡수량(103%)을 비교하면 '+3%'라는 계산이 나온다. 아슬아슬한 '흑자'라고 안심할 수도 있지만 이 값은 불확실성으로 발생하는 오차이기 때문에 큰 의미가 없다. 설상가상으로 탄소를 흡수하던 자연의 능력도 예전 같지 않다. 지난 10년간 육지 생태계의 탄소 흡수량은 최대 17% 감소했고 해양 역시 4% 줄어들었다.

'탄소 예산', 얼마나 남았나?

육지와 해양, 대기의 순환을 통해 평형을 이뤘던 탄소가 심각한 불균형에 빠진 지 오래다. 매년 이산화탄소 농도가 지금처럼

2ppm 이상 증가한다면 600ppm에 도달하는 시점도 이번 세기 후반에 찾아올 수 있다. 그렇다면 '1.5℃ 온난화'를 위해 남은 '탄소 예산'은 얼마나 될까? 탄소 예산은 '잔여 탄소 배출 총량'과 같은 의미로, IPCC가 처음 도입한 개념이다.

2020년만 해도 우리에게 남은 탄소 예산은 5,000억 톤이었다. 그러나 IPCC 제6차 보고서를 기준으로 탄소 예산을 계산했더니 2023년 기준 3,800억 톤으로 줄었다. 이대로 탄소 배출을 계속한다면 9년 뒤면 바닥날 텐데 이마저도 '1.5℃ 온난화'라는 목표를 50%의 확률로 달성하는 경우로 한정된다. 확률을 더 높이려면 탄소 예산은 이보다 줄어들 수밖에 없다. 최신 자료(〈IPCC AR6 WG3〉)를 반영한 또 다른 모델은 탄소 예산을 2,600억 톤으로 축소했고 탄소 예산이 고갈되는 시점도 6년 뒤로 예측했다.

파리협정의 목표를 달성하려면 탄소 배출량을 코로나19 시기보다 조금 적은 연간 4% 수준으로 감축해야 한다. 그래야 이번 세기 중반 탄소의 순 배출량이 0이 되는 '넷제로'에 도달할 수 있다. 하지만 지난 역사를 되돌아봤듯 전쟁도, 경제위기도, 팬데믹의 거센 파도도 탄소 배출을 일시적으로 떨어뜨리는 데 그쳤을 뿐이다. 탄소중립을 위해서는 전 지구적인 협력과 함께 화석연료를 완전히 퇴출하려는 지속적이고 강력한 의지가 필요하다는 뜻이다.

미래를 결정할 변수, '지금' 그리고 '행동'

탄소 농도와 배출량이 정점을 향해 치닫는 이때, 기후위기에 대한 마지막 경고에 귀를 기울여야 한다. 전 세계 과학자들은 2023년 3월 IPCC 6차 종합 보고서를 통해 인간이 배출한 온실가스가 기후재난이라는 돌이킬 수 없는 피해를 불러왔고, 오직 빠르고 과감한 행동만이 이를 막을 수 있다고 목소리를 높였다.

6차 종합 보고서는 2021년 8월부터 2022년 4월 사이에 발표된 세 차례의 실무그룹 보고서를 총망라하고 있다. 새로운 과학적 사실이 담겨있다기보다는 각국 정부의 정책 결정자들에게 핵심 메시지를 전달하려는 성격이 강했다. 2015년부터 1,000명이 넘는 과학자들이 기후위기에 관한 수천 페이지 분량의 지식을 검토했고, 6차 종합 보고서가 나오기까지 자그마치 8년이 걸렸다. 하지만 보고서의 내용은 단 한 줄의 메시지로 압축될 수 있다.

"Act now, or it will be too late."

(지금 행동하라, 그렇지 않으면 너무 늦을 것이다.)

극한 기후는 전 세계적으로 폭염 사망자를 증가시켰고, 지독한 가뭄과 홍수는 수백만 명의 생명을 앗아가고 삶의 터전을 파괴했다. 수백만 명이 굶주림에 직면했으며 생태계에는 돌이킬 수 없는 충격이 가해지고 있다. 전 세계 인구의 40%에 가까운 30억 명 이상은 이미 매우 치명적인 기후 붕괴 지역에 거주하고 있다. 지난 10년간 이 지역에선 홍수와 가뭄, 폭풍에 의한 피해가 15배 증가했다. 인구의 절반은 이미 심각한 물 부족을 경험했다. 잦아지는 기상이변은 아프리카, 아시아, 아메리카, 남태평양에서 사람들의 이주를 촉발하고 있다.

IPCC, 즉 '기후변화에 관한 정부 간 협의체'가 처음 만들어진 것은 1988년이었다. 기후변화에 대처하기 위해 세계기상기구wmo와 유엔환경계획unep이 공동 설립한 국제기구로 1990년 1차 보고서가 나온 뒤 유엔기후변화협약unfccc이 채택됐다.

기후변화의 과학적 근거와 정책 방향을 제시하는 IPCC 보고서가 세상에 나온 지도 올해로 여섯 번째, 33년째를 맞았다. 이는 동시에 IPCC가 30년 넘게 기후변화를 경고하고 대책을 제시했음에도 불구하고 우리가 온실가스 감축에 실패했다는 뜻이기도 하다.

"If we act now,

we can still secure a livable sustainable future for all."

(우리가 지금 행동한다면

여전히 모두를 위한 살기 좋고 지속 가능한 미래를 확보할 수 있다.)

—이회성 IPCC 의장

그러나 아직 포기하기엔 이르다. 과학자들은 온실가스 배출을 줄이기 위해 각국 정부에 지금 당장 재생에너지 투자와 저탄소 기술 전환에 총력을 기울이라고 요구하고 있다. 유럽이나 북아메리카 등 선진국에서는 탄소중립 '데드라인'을 2050년이 아닌 2040년으로 앞당겨야 한다는 목소리도 커지고 있다.

탄소 배출 시나리오와 관계없이 우리는 향후 10년 안에 '1.5℃ 온난화'를 목격하게 될 가능성이 크다. 북극의 여름철 해빙 역시 10년 안에 모두 사라질 가능성이 지배적이다. 지구 기후를 조절하던 북극의 변화는 기후재난이라는 부메랑이 되어 전 세계에 돌아올 것이다.

그렇다고 해서 절망할 필요는 없다. 우리 자신에게 던져야 할 질문은 지구의 기온 상승이 1.5℃ 주변에 머물며 안정되길 바라는지, 1.5℃를 넘어서 2℃에 도달하고 브레이크 없이 계속 상승하는 것을 지켜볼 것인지다. 현재의 우리가 다가올 미래를 바꿀 수 있다.

별을 노래하는 마음으로
모든 죽어가는 것들을 사랑해야지

마치 긴 잠에서 깨어난 것 같았다. 2022년 5월 꿈같은 북극 취재 준비를 시작해 우여곡절 끝에 다녀온 7월의 2주짜리 출장, 8월 말 〈시사기획 창〉 '고장 난 심장, 북극의 경고' 방송까지 내 인생에 이렇게 숨 가쁜 순간이 있었던가. 변수에 또 변수가 발목을 잡았지만 하늘이 돕고 땅이 도와서 무사히 마무리할 수 있었다. 귀인들의 도움이 없었다면 나는 아직 미노타우로스의 미궁 속에 갇혀있었을지 모른다.

나흘간의 9시 뉴스와 1시간의 다큐로도 보여주지 못한 영상, 들려주지 못한 이야기가 산더미였다. 그래서 이 책을 쓰게 됐다. 방송을 마치고 가족과 함께 인천으로 휴가를 갔다. 갯벌을 보니 북극의 딕슨 피오르가 떠오르는데 어쩌지. 몸은 한국에 있는데 마음은 북극 제트기류가 되어 정처 없이 스발바르를 맴돌고 있었다.

북극의 백야와 한없이 눈부신 하늘, 사라지는 빙하와 출렁이는 동토, 커다란 눈망울로 풀을 뜯어 먹던 순록들. 스발바르 브루어리의 은빛 북극곰과 순록이 그려진 캔맥주도 간절했다. 스발바르에선 술이 면세였는데 많이 먹고 올걸. 왜 그렇게 매일매일 쫓기는 마음이었을까. 숙소에서 노트북을 끼고 하릴없이 영상과 씨름하던 그 여름의 나, 내 생애 그렇게 뜨거운 시절이 다시 있을까.

북극에 다녀온 뒤에도 시간은 정신없이 흘렀다. 9월에 괴물 태풍 '힌남노'가 한반도에 상륙했다. 기상청은 힌남노가 과거 최악의 피해를 준 2002년 '루사'와 2003년 '매미'에 맞먹을 것으로 예측했다. 재난방송 주관 방송사인 KBS는 힌남노의 영향에서 완전히 벗어날 때까지 모든 정규방송을 중단하고 33시간 10분간 연속 생방송으로 재난특보를 이어갔다. 나는 힌남노라는 태풍의 한가운데에 있었다.

힌남노는 제주 부근을 통과할 때만 해도 그다지 강하지 않았다. 기상청도, 새벽 3시에 출근해 방송 준비를 하던 나도 수월하게 지나길 바랐다. 예보가 빗나가더라도 말이다. 그러나 태풍이 동반한 비구름이 포항 부근 동해상에서 빠져나가지 않고 정체했다. 예감이 불길했다. 포항과 경주를 중심으로 시간당 최고 110mm 안팎의 폭우가 퍼붓기 시작했다.

1시간 단위로 특보에 출연하는데, 원고를 쓸 때만 해도 시간당

70mm의 비가 왔지만 막상 방송에 들어가자 시간당 100mm 이상으로 뛰었다. 원고를 수정할 시간이 없어서 즉흥적으로 멘트를 수정해서 방송했다. 그만큼 상황은 긴박했다. 짧은 시간에 폭발적으로 쏟아지는 비에 도시가 물에 잠기고 아파트 지하 주차장에 주민들이 고립돼 막대한 피해가 발생했다. 한숨도 못 자고 환한 대낮에야 퇴근하는데 마음이 먹구름처럼 무거웠다. 남쪽은 전쟁터인데 애끓게도 서울의 하늘은 너무나 맑았다.

재난방송을 하는 기상전문기자로 15년 넘게 사노라니 거대한 재난 이후에 마음이 산산이 흩어질 때가 많다. 기상청 예보를 바탕으로 재난을 예고하고 재난 생중계와 사후 피해까지 보도하다 보니 트라우마가 생기곤 했다. 특히 2019년은 몹시도 아픈 한 해였다.

2019년 식목일을 하루 앞둔 4월 4일 밤 강원도 고성과 속초에 산불이 났다. 봄철 이맘때 우리나라에는 기압 차이로 강한 서풍이 불어오는데 특히 바람은 태백산맥을 넘으며 더욱 뜨겁고 건조해진다. 양양과 간성(고성) 사이에 국지적으로 부는 '양간지풍'으로 과거 조선시대부터 불을 불러오는 '화풍火風'으로 불렸다.

4월 3일 기상청 예보 회의에 참석했던 나는 태풍급으로 강한 양간지풍이 동해안에 몰아칠 것이며 대형 산불을 불러일으킬 수 있다고 9시 뉴스에 보도했다. 그러나 하루 만에 기습적으로 불길이 시작돼 걷잡을 수 없이 번져갔고 그날 밤 산불 특보를 하러 회사로 가는 발걸음은 무거웠다. 산불이 진화될 때까지 재난방송이 계속됐고 나는 하루 8시간 넘게 스튜디오에서 버텼다. 그러나 인명 피해가 10명이 넘을 정도로 뼈아픈 상처를 남겼다.

내가 할 수 있는 일은 기사와 방송을 통해 재난 위험을 미리 알리고 피해를 줄이는 것인데, 최선을 다해도 한계가 분명했다. 한정된 시간의 방송으로 내가 할 수 있는 일은 여기까지구나 싶었다. 모든 사람이 내 방송만 보고 있는 것도 아니고 산불을 사전에 통제하는 일은 불가능하니까. 현실을 알고 있었지만, 좌절과 절망이 컸다.

그해 여름과 가을에는 태풍 '사라'가 할퀴고 간 1959년 이후 60년 만에 가장 많은 태풍이 찾아왔다. 7월과 8월 제5호 '다나스'와 제8호 '프란시스코', 제9호 '레끼마', 제10호 '크로사'가 한반도로 북상했다. 9월 들어서 제13호 '링링', 제17호 '타파', 제18호 '미탁'까지 평년과 비교해 2배 이상 많은 숫자였다.

우리나라에 직접 상륙한 태풍도 프란시스코와 미탁, 2개나 됐다. 태풍이 워낙 잦다 보니 동해와 서해, 쌍으로 올라오기도 했다. 7개 태풍 가운데 레끼마와 링링은 매우 강한 태풍, 크로사와 타파, 미탁은 강한 태풍이었다. 이제 약한 태풍 따위는 한반도 주변에 어슬렁거리지도 않는구나, 정말 강한 놈들만 오는구나 하는 탄식이 나왔다.

실제로 2019년 극한 태풍을 겪은 뒤 2020년부터 '매우 강'보다 한 단계 위인 '초강력' 등급이 새로 만들어졌다. 지난 10년간 한반도 영향 태풍 가운데 '매우 강' 등급이 절반을 차지하면서 너무 흔해졌기 때문이다. 태풍의 강도는 중심 최대풍속을 기준으로 5단계(약-

중-강-매우강-초강력)로 구분한다. 그 가운데 '매우 강'은 사람이나 커다란 돌이 날아갈 수 있는 44~54m/s(158~194km/h), '초강력'은 건물이 붕괴할 수 있는 54m/s(194km/h) 이상의 강풍을 동반한다. 듣기만 해도 무시무시하다.

마지막 태풍인 미탁의 거센 비바람은 10월 개천절까지 이어졌다. 밤늦게 재난방송을 마치고 교대한 뒤 집에 왔는데 잠이 오지 않았다. 그날 새벽 태풍이 동해상으로 진출하면서 울진과 삼척, 영덕 등 동해안에 시간당 최고 130mm에 이르는 집중호우를 뿌렸다. 태풍의 속절없는 뒤끝에 인명 피해와 이재민이 속출했다.

태풍이 지난 뒤 수해를 입은 현장의 모습을 보는데 떨칠 수 없는 죄책감에 괴로웠다. 내가 조금만 더, 태풍 피해가 클 수 있으니 즉시 대피하라고 강조했다면 피해를 줄일 수 있지 않았을까? 표정과 목소리도, 내가 조금만 더 방송에서 진심을 다했다면, 급류에 휩쓸려 안타까운 목숨을 잃지 않았을 텐데. 시간을 되돌리고 싶은 기분이었다.

사실 일곱 번째 태풍을 맞는 나는 많이 지쳐있었다. 기후위기로 가을 태풍이 잦아지고 있긴 하지만 7월부터 10월까지 넉 달째 비상사태로 지내다 보니 모든 상황이 빨리 끝나길 간절히 바랐다. 집안일은 수북이 쌓여가고 아이는 엄마 손길이 가지 않은 채 방치돼 있었다.

소원대로 태풍 미탁을 끝으로 우리는 진정한 가을을 맞이할 수 있었다. 하지만 1년이 지나고 2년이 지나고 또 태풍이 올 때면 그때가 떠오른다. 2022년 8월의 2차 장마와 9월의 태풍 힌남노 역시 지울 수 없는 슬픔으로 남을 것만 같다.

태풍의 상처뿐만 아니라 2022년 10월 29일에는 이태원 참사가 있었다. 그날은 토요일이었다. 근무가 없어서 가족과 함께 동네 식당에서 저녁을 먹었다. 밥을 먹고 나오는데 지하철역 근처에서 당시 유행하던 일본 애니메이션 〈귀멸의 칼날〉 코스프레를 한 어린 친구들을 봤다. 다들 이태원으로 가겠구나 생각하며 집에 왔다. 일찍 잠자리에 들었다.

일요일 아침 7시쯤 갑자기 휴대전화가 울리기 시작했다. 팀장이었다. 무슨 일이지? 지진이 났나? 오늘 내 근무가 아닌데. 동시에 여러 생각이 떠올랐고 잠에서 덜 깬 목소리로 전화를 받았다. 밤새 무슨 일이 일어났는지 전혀 몰랐던 나는 전화를 끊고 바로 뉴스 검색을 시작했고 너무 놀라서 TV를 켰다. 이태원 참사 특보가 나오고 있었다.

회사로 달려갔다. 나뿐만 아니라 친한 동기들과 후배들도 3층 보도국 사회부에 모여있었다. 속보가 계속 들어오고 데스크와 중계차 주자, 리포트 주자, 출연자 들이 한데 얽혀 전쟁터 같은 상황이었다. 과거 숭례문 방화나 세월호 참사 등 엄청난 사건이 발생하면 보도국은 마치 전시 체제를 방불케 한다. 화이트보드가 등장해 깨알 같은 글자로 채워지고 보도국장과 사회부장, 편집부장 등 수뇌부가 상황을 판단하고 조율해 간다.

오전에는 주로 업데이트되는 현장의 영상을 정리하고 전문가를 섭외하는 업무를 했다. 오후 편집회의가 끝나자 9시 아이템이 정해 졌다. 나는 이태원 참사가 발생한 해밀턴호텔 옆 골목의 지형을 분석하는 뉴스를 맡게 됐다. 재난미디어센터 스튜디오에 출연해 3D GIS(지리정보시스템) 그래픽을 통해 왜 그토록 많은 희생이 있었는지 보여주는 내용이었다.

기자 생활을 하면서 여러 사건 사고와 재난을 겪어봤지만, 그날 은 내게 잊을 수 없는 슬픔으로 새겨졌다. 이태원은 나에게도 친숙한 장소였다. 핼러윈 축제 때 가본 적은 없지만 만약 나이가 어렸다면 나도 그 공간에 있었을지 모른다. 방송을 준비하며 그래픽을 의뢰하는데 해밀턴호텔과 그 옆 골목길이 눈에 선했다.

꿈으로 가득한 어린 청춘들이 한꺼번에 같은 자리에서 목숨을 잃고 밤하늘의 별이 되었다. 자기 발로 놀러 간 건데 국가가 책임을 져야 하냐고? 무슨 목적이었든 국민의 안전을 책임져야 할 주체는 정부다. 하지만 그날 그 자리에는 국가도, 안전도 부재했다. 희생된 국민만 있었을 뿐이다. 더욱 실망스러운 점은 책임져야 할 사람들이 책임을 회피하고 떠넘기느라 바빴다는 점이다.

이태원 참사의 충격은 희생자들뿐만 아니라 전 국민의 마음을 아프고 먹먹하게 했다. 아마 매년 10월 29일이 되면 그 슬픔이 다시 살아날 것이다. 그날 아침의 갑작스러운 전화와 보도국의 풍경도 말이다. 나도 아이를 키우는 엄마다 보니 자식을 잃은 부모 마음에 감정이입이 됐다. 다 키운 자식을 허망하게 잃은 심정이 얼마나 애통할까.

중국 진晉나라의 장수 환온이 촉蜀을 정벌하러 가는 길이었다. 전함을 타고 지금의 양쯔강을 거슬러 올라가던 중 병사 한 명이 강변에서 놀고 있던 새끼 원숭이 한 마리를 잡았다. 어미 원숭이는 새끼 원숭이를 태운 전함을 쫓아왔고 배를 향해 몸을 날렸지만 결국 죽고 말았다. 병사들이 어미 원숭이의 배가 이상해서 갈라보니 창자가 마디마디 끊어져 있었다. 자식 잃은 슬픔이 창자가 끊어지는 아픔과 같다는 '단장지애斷腸之哀'의 유래다.

중국의 공자는 하나뿐인 아들이 죽자 식음을 전폐하며 슬퍼했다. 공자가 사랑하던 제자 자하 역시 자식을 잃고 밤낮으로 비통해하다 눈이 멀었다. 여기서 자식을 먼저 보낸 부모의 마음이 눈이 멀 정도로 고통스럽다는 '상명지통喪明之痛'이라는 말이 생겼다.

자식의 죽음은 부모에게 창자가 끊어지는 단장斷腸의 비애이며 눈이 머는 상명喪明의 고통이다. 세월호 참사도, 이태원 참사도 한순간에 무방비 상태에서 귀하디귀한 목숨을 앗아 갔다. 자식 잃은 부모들의 손을 잡아주고 눈물을 닦아주고 오랫동안 기억하는 것은 그런 참혹한 일이 다시 반복되지 않기 위해서 반드시 필요하다. 그리고 그것은 언론의 의무이기도 하다.

2022년은 이렇게 북극과 태풍 '힌남노', '이태원 참사'와 함께 팔할이 흘러갔다. 그사이 〈시사기획 창〉 '고장 난 심장, 북극의 경고'에는 수많은 댓글이 달렸다. 하나하나 읽는 내내 황송함에 어쩔 줄 몰랐고 모조리 댓글을 달고 싶은 마음도 솟구쳤다. 북극 취재 과정은 고생스러웠지만 시청자들의 응원 덕분에 결과는 해피엔딩이 됐다. 이 정도 파이팅이라면 앞으로 남극이든, 우주든, 태평양 심해저든 못 갈 곳이 없을 것 같다.

모든 분께 진심으로 드리고 싶은 말은 "제가 더 감사합니다".

기후변화라는 심각한 주제를 이해하기 쉽고 깊이 있게 잘 다뤄주셨네요. '우리 시대는 끝났어요. 다음 빙하기를 기다려야죠'가 모든 걸 대변하는 듯해요. 영상, 음악, 내레이션 모두 아름다우면서도 비장한 느낌이 났습니다. 좋은 내용 잘 봤습니다.

말로만 지금 기후가 변화하고 있다고 하는 것보다 이렇게 북극 가서 보여주는 취재가 정말 더 와닿을 듯합니다. 이런 영상을 보고 싶었는데 진짜 좋은 방송인 것 같아요. 감사합니다.

신방실 기자님과 촬영팀 고생 많으셨습니다. 항공사 파업으로 우여곡절 끝에 북극 촬영에 성공했다고 하셨죠? 〈댓읽기〉(KBS 유튜브, '댓글 읽어주는 기자들')에 출연하신 거 보고 맘먹고 찾아왔습니다. 이런 취재들이 KBS의 존재 이유겠죠. 많은 국민이 봤으면 하는 내용이었습니다. 〈시사기획 창〉 늘 잘 보고 있습니다.

좋은 방송 잘 봤습니다. 관념적으로만 알고 있었던 지구온난화와 기후변화의 실체를 보니 그 심각성이 느껴지고 절로 경각심이 생기네요. 이에 대처할 방안을 찾는 것은 시급해 보입니다. 그런데 과연 현재의 환경 파괴 행위를 줄이는 것으로 이 문제를 해결할 수 있을지, 또는 우주에 반사판 설치 등의 기술 개발로 해결이 필요할지 이 분야 최전선 과학자들의 견해가 궁금합니다. 나중에 이와 관련해서도 방송이 나오면 좋겠어요!

아주 좋은 방송입니다. KBS 하면 다큐, 시사가 생각나도록 이런 걸 많이 만든다면 '구독' '좋아요'는 영원할 겁니다.

좋은 다큐를 볼 수 있어 참 좋습니다. 수신료가 하나도 아깝지 않네요. ^^

부산인데 어릴 때만 해도 겨울이면 눈이 골목에 쌓여서 눈사람도 만들고 했는데 지금은 눈 구경 하기도 힘들고 눈이 쌓인 광경을 못 본 지가 한 10년은 된 것 같네요. 그 정도로 지구가 데워지고 있다는 뜻이죠. 물론 여름은 더 더워지고….

한 번 녹은 빙하는 되돌릴 수 없고 다음 빙하기 때를 기다려야 한다는 말이 참으로 무섭습니다. 우리 모두 불편함을 이겨내며 지혜를 모아야 합니다. 간절합니다.

무심한 듯 상황에 집중하도록 하는 냉정하고 정확한 촬영 기교가 세련된 것 같습니다. 취재 및 촬영하신 KBS 기자분들 고생하셨고 유의미한 반향을 일으킬 마일스톤(이정표)이 될 것이 분명합니다.

인류 전체의 운명을 좌지우지할 만큼 심각한 문제지만 너무 거대하고 돌이킬 방법을 몰라서 또는 방법이 없다고 생각해서 오히려 무감각해지기 쉬운 것이 기후변화 이슈죠. 인류가 이 난국을 돌파해 낼 수 있을지 의문이 듭니다. 현실적으로요. ㅜㅜㅜ 이 문제에 대해 〈시사기획 창〉이 어떤 비전을 보여주실지 기다리겠습니다. 그리고 신방실 기자님 반갑습니다.

이 와중에 우리나라는 '기후깡패'라는 오명을 더 알리기 위해 재생에너지 비중을 축소하는 정책을 추진하고 있죠. 진짜 기후위기보다 더 큰 위기가 대한민국에 올 것 같아 걱정이 큽니다.

심각하게 보고 있다가 마지막에 피디님 새한테 머리 쪼이고 악!!!!!!!!!!! 하시는 거 보고 빵 터졌습니다 ㅋㅋㅋㅋㅋㅋ

내 인생 가장 바쁜 2022년을 보내고 2023년 1월 돌연 미국행 비행기에 올랐다. 과학기자협회의 지원으로 노스캐롤라이나대학교UNC에서 기후위기저널리즘을 공부하게 됐다. 1년짜리 연수 프로그램이다. 이 책은 미국에서 쓰고 있다.

매달 보고서를 제출하기 위해 한국에서와 다름없이 인터뷰이를 섭외해 화상 인터뷰를 진행하고 있다. 남들이 생각하는 것처럼 마냥 노는 연수가 아니다 보니 가끔은 미국에서 재택근무를 하는 기분이 들 때도 있다. 그래도 바쁜 현업에서 한 발 떨어져 오랜만에 학교 수업을 듣고 도서관에 가거나 외국 언론을 모니터링하는 여유가 생겼다. 한국의 재난방송과 기후위기 보도에 대해서도 다른 시각으로 바라볼 수 있게 됐다.

미국에 첫발을 딛고 아직 모든 것이 어수선한 1월 중순 한국에서 기대하지 못했던 소식이 날아들었다. '고장 난 심장, 북극의 경고'가 제14회 〈2022 한국방송기자대상〉 과학 부문을 수상하게 된 것이다. 태평양 너머에서 많은 축하가 쏟아졌다. 나 혼자만의 다큐가 아니었기에 뜨거운 감사를 전했다. 흩어진 구슬을 함께 꿰어 끝까지 완성해 준 모두의 작품이었다. 아낌없는 응원을 보내준 시청자들은 내 인생 최고의 선물이자 마지막 구슬이다. 하늘에서 나를 보고 있을 엄마에게도 사랑한다는 말을 전하고 싶다. 그리고 별을 노래하는 마음으로 웃고 울고 사랑하며 살아가리라 마음먹는다.

되돌릴 수 없는 미래

초판 1쇄 발행 2023년 8월 31일
초판 3쇄 발행 2024년 10월 18일

지은이 | 신방실
발행인 | 강봉자, 김은경

펴낸곳 | (주)문학수첩
주소 | 경기도 파주시 회동길 503-1(문발동 633-4) 출판문화단지
전화 | 031-955-9088(대표번호), 9532(편집부)
팩스 | 031-955-9066
등록 | 1991년 11월 27일 제16-482호

홈페이지 | www.moonhak.co.kr
블로그 | blog.naver.com/moonhak91
이메일 | moonhak@moonhak.co.kr

ISBN 979-11-92776-78-1 03450

* 파본은 구매처에서 바꾸어 드립니다.